禅风佛韵系列

冯学成 / 著

生活中的大圆满法

人民东方出版传媒
People's Oriental Publishing & Media

东方出版社
The Oriental Press

图书在版编目（CIP）数据

生活中的大圆满法／冯学成 著. —北京：东方出版社，2013.10

ISBN 978-7-5060-6980-9

Ⅰ.①生…　Ⅱ.①冯…　Ⅲ.①人生哲学—通俗读物　Ⅳ.①B821-49

中国版本图书馆 CIP 数据核字（2013）第 253286 号

生活中的大圆满法

（SHENGHUOZHONG DE DAYUANMANFA）

作　　者：冯学成

责任编辑：贺　方　王　萌

出　　版：东方出版社

发　　行：人民东方出版传媒有限公司

地　　址：北京市西城区北三环中路 6 号

邮政编码：100120

印　　刷：北京文昌阁彩色印刷有限责任公司

版　　次：2013 年 12 月第 1 版

印　　次：2022 年 8 月第 2 次印刷

开　　本：700 毫米×960 毫米　1/16

印　　张：11

字　　数：140 千字

书　　号：ISBN 978-7-5060-6980-9

定　　价：38.00 元

发行电话：（010）85924663　85924644　85924641

总导言

古人说："不如意事常八九，可与语人无二三。"为什么如意？为什么不如意？当然都会有其因果关系。孔子说："不知命，无以为君子也。"庄子说："知其不可奈何而安之若命。"古代圣贤把命放在心性的结构及其展开上来认识，教导人们把目光凝聚在心性的修为上，而不是成天去盘算命运的吉凶。故古圣贤说"只问耕耘，不问收获"。

我的人生道路，前大段可以说是非常地不如意，好在自己对这个不如意从来不放在心上。自打上山下乡开始，我主要的精力就放在对中国传统文化的学习和思考上。不论是儒家的、道家的，还是佛家的，学起来总是津津有味。用本光法师指导我的话来说："要一切处建立学处，一切处坚持学处，一切处都是道场。"由于有这样的信念，几十年来，不论顺逆吉凶，我都将其当成道场，当作修养心性的地带。这当然有极大的好处，首先是自己的心性没有太多的阴暗面，另外，对古圣贤的典籍自感有不少会心之处。

我在 1969 年初当知青，1975 年初进监狱，直到 1982 年底才从监狱出来。次年接父亲的班，在成都一家商店先当搬运工，后当营业员。由于长期和本光法师、贾题韬老师学习，笔下也有一点基础，1988 年贾老推荐我参加了《四川省宗教志·佛教篇》的编撰。我用两年的时间，与朋友们一起完成了任务。因为对四川省佛教的历史大体了然于胸，于是着手编辑了《巴蜀禅灯录》一书，此书一出版，立即受到各界的好评，自己也从此走上了笔耕之路。

说来惭愧，自 1991 年开始，我陆续出版了《四季禅》、《生活中的大圆满法》（这两本书当时即被台湾购版发行）、《心灵锁钥》、《棒喝截流》（这两本书 2008 年由南方日报出版社以《心的世界》

为名再版)、《明月藏鹭》、《云门宗史话》、《赵州禅师语录·壁观》等多部有关佛教禅宗的著作,但稿费可怜,还不够送书的。虽有弊,却也有利。1999 年,广东云门寺佛源老和尚到成都,为成都文殊院圆寂的宽霖老和尚举火,我前去亲近时,佛源老和尚说:"我知道你,看过你搞的《巴蜀禅灯录》、《棒喝截流》和《明月藏鹭》,欢迎你到云门寺来,在云门寺佛学院讲禅宗。"在佛源老和尚的关照下,我于 2000 年开始,前往广东,成了云门寺的常客,此举开阔了我的眼界,在成都多年的困顿似乎一扫而空。

我于 2004 年在成都创办龙江书院,2008 年开始在广州讲课,其间拟建南华书院,但因不能注册,今年方正式注册成立了"粤海书院"。近十年间,在成都、广州两地陆续开讲孔孟老庄禅系列经典,并在 2008 年由南方日报出版社出版了《信心铭》、《云门宗史话》、《心的世界》和《禅说庄子》(一、二、三、四)七册。我所出版的书,都是一版告罄,如今在网上也难购到。

去年初,东方出版社的总编许剑秋先生到广州,欲与我签订出版的战略合作协议,承诺把我所讲、所著的书全部出版。我虽心存感激,但更多的是惶恐,我一介草民,没有令人瞩目的社会头衔,能享受这样的待遇吗?故当时不敢应承。后来许总编又两次到广州,并听我讲《通书》、《道德经》,虽然只听了一些片段,但许总编的真诚打动了我,并给予我信心。去年底,终于在"战略合作协议"上签了字,由东方出版社出版我的所有作品(之前已与南方日报出版社签的四本除外)。

于是今年我就忙得一塌糊涂。我已讲了《庄子》二十五篇,可以分为十六册出版,今年先出八本,《生活中的大圆满法》、《心灵锁钥》、《棒喝截流》、《信心铭》和《云门宗史话》也由东方出版社再版发行。幸亏有几位助手,袁义蓉、田璐、刘群珍为我承担了大部分的校对工作,张子库为我承担了与东方出版社沟通、联系的具体事务。当然还有出版社的编辑们,以及好多朋友也为这些书的出版付出了辛劳，在此一并致谢！

《生活中的大圆满法》、《心灵锁钥》、《棒喝截流》和《信心铭》四部书，东方出版社冠以"禅风佛韵"丛书名出版，心里充满感激之情。《生活中的大圆满法》是我的处女作，当时成都出版社的社长、四川文史专家谭继和先生认为是本好书，大力支持出版，但也仅印了五千册，台湾印了多少不知道。

《信心铭》则是将三祖僧璨的这部禅宗经典逐句通俗地讲一遍，千余年来也仅此一部。《信心铭》一经出版，更是有众多的人前来咨询，不仅网上购不着，旧书网上也难购到原书，而多为复印件，且价格不菲。我对知识产权没研究，但看见有众多喜好我书的读者无书可购，我也无可奈何。

《心灵锁钥》是通过《心经》对唯识学做一些大致的介绍，使人们对佛教的理论体系有所了解，这是我平生费心最多、耗时最长的一部介绍佛教体系的书。该书兼对天台、华严、禅宗都作了相应的剖析，对初入佛门的人来说，它是了解印度和中国佛教的一部有趣的、可读性较强的书。

《棒喝截流》是在《心灵锁钥》之后所著，只用了半个月的时间就完成了，可谓一气呵成。这是因为我对禅宗的内部结构和方法很熟，对公案、机锋棒喝也有所领会，所以不像唯识学那样画工笔似的精细，而是用大写意的手法随兴即成。

前面说到人生的如意和不如意，以前所出版之书大多不如意——印数太少，我也谈不上获利，但毕竟为我铺垫了不薄的基础，这就是如意。今年借东方出版社之力，那些沉睡多年的故纸也得以重新应世，这可是大如意之事，当然得向东方出版社致谢！所以今年尽管有十七部书的压力，但总的来说仍然感到轻松，并没有多少疲惫感，大概这就是"人逢喜事精神爽"吧。写到这里，忽然想到1984年我三十五岁时所作的一首《念奴娇》，描述的是出狱一年后的心境，借来作为这篇导言的结语吧。

念奴娇·三十五岁自咏

蜀山英气，接昆仑，险绝当无人顾。长饮炉关冰雪沁，凝就冰肝寒腑。戏逐灵涛，还驱玄浪，八极寻天鼓。我知非梦，倩谁携袖同去。

归来屈指今朝，烂漫桃花，贺我逢三五。盘盏无须樽酒肉，直取案头新赋。天语殷勤，景深春好，万里长安路。鹏来应问，北冥尚有鱼否？

晨钟暮鼓中的反思（代前言）

佛教号称"智慧之学"，自释迦牟尼佛以来的这两千五百年间，印度、中国和其他佛教国家和地区，数以万计的优秀人物，用他们的道德、意志、智慧和生命，共同守护和养育了这片菩提树之林，这是人类文明中最为洁净的绿洲。当我们从枯枝败叶的堆积层中爬出来，看到这菩提林真正灵秀神瑞的风采时，你是会为之倾倒和神往的。

毛泽东在其《贺新郎·读史》中写道："人猿相揖别，只几个石头磨过，小儿时节。铜铁炉中翻火焰，为问如何猜得？不过几千寒热。"百万年的人类史，曾在诗人豪杰手中、历史巨人笔下一挥而了，但人生、社会、宇宙这一难题，都是人们所应该认真思考的，不然如同西方的一些恐怖预言中所描写的那样，地狱之火和天空的雷电同时激发，只有在"上帝"面前接受最后审判时，才明白"人是什么"，岂不晚矣。

我们生活在这个世界上，或男或女，或老或少，或贱或贵，或富或贫，或顺或逆，现象是千差万别。我们生活在这个世界上，或幻想，或奋进，或消沉，或喜或怒，或哀或乐，情感是变化无穷。

不论心与境是怎样的烦嚣，任何人都总会有一刻安宁的时光，并在其中沉思和反省：我是谁？我为什么会来到这个世界上？我这一生的目的和意义是什么？……

太阳带领着地球在宇宙中运行，在阳光的照耀下，亿万年来，产生了现在人类所能感知的一切。自有人类文明史以来，人们就在思索，思考人生、思考宇宙，于是产生了宗教、哲学和科学。

宗教是人类最早提出解决人生宇宙这一根本课题的理论与实践体系，但给人类描绘的美妙前景总使人感到有一层神秘的云雾，可望而不可即。哲学和科学在他们意气风发的时候，也曾当然地把宗教作为箭垛。哲学对它是少有赞叹，多有嘲讽，而科学对它，则是冷冰冰的解剖刀。

佛教对人类有着特殊的魅力，它那博大的思想体系，精密细致的思维方法，无私奉献的慈悲胸怀，翔实周到的实践步骤，涵盖了人生、社会、宇宙的各个领域，无不给予人们相应的启迪和升华。以四谛法来观照人生；以十二因缘来观照生命现象的流转；以业力不灭、业感缘起来观照社会现象的变异；以六根六尘、十八界、八识缘起、法界缘起来观照人类的精神现象、心理现象、认识功能乃至整个自然和宇宙；以戒定慧三学来完满和升华人格；以六度万行来净化人类社会，实践人间佛土。这仅是粗略的概括，未必能使所有的人信服，但至少数以亿计的佛教徒，热心佛教文化的人们是服膺其说的。这是一个历史的过程与蓝图，佛教讲因果，既有其因，也是必有其果的。

佛教产生和发展在印度，但其向更高层次的发展却在古代中国——中国是大乘佛教的国度。在中国，佛教与儒家和道家学说相融合，就使其在体系和方法上都得到了充实和提高，因为儒家和道家的学说，是古代中华民族文化的巅峰，有着极为丰厚和现实的社会人生实践的内涵。8世纪后，印度佛教就渐衰亡以至无闻，而在中国却有长足的发展就是一证。

几个世纪以来，以科学和技术作为开山斧的西方文明，无情地吞噬着世界其他民族文化的绿洲。但以华夏文化为主体的东方文明，却是生命力极强的森林。

中华民族在自己漫长的历史过程中，发育了灿烂的华夏文化，这是人类文明史上唯一得到独立的、充分发展的、没有中断或转变的文化。这一存在，是人类文明史上的奇迹，充分体现了华夏文化的合理性及其旺盛的生命力。

在中华民族的发展史上，曾出现过四次文化高峰现象。这就是先秦诸子争鸣时期、魏晋南北朝玄学时期、隋唐佛学时期（由盛唐兴起的禅宗，则一直繁荣至宋元，乃至延伸到明清）和宋明理学时期。中华民族文化这四个高峰现象，除先秦诸子学说与佛学无关外，其余三个时期，佛学都是其中的重要角色，甚至是主要的角色。正是因为佛学的介入。使华夏文化从秦汉以来的儒道互补结构，转化为宋以来的儒禅互补结构。有人说中国的佛教，是中国化的佛教，这是历史的事实，也是我国民族文化的骄傲。在今天，东西方两大文化体系的融合也进入了一个新的层次和高峰。在这样的历史进程中，我们应争取居于主动的地位而参与，摆脱百多年来在文化中的被动局面。同时，在过去形成的文化断层，必须加速去填平，民族文化中的许多重要内涵，也需要发掘和提高，而对我国佛教文化这笔巨大的财富，更应深入地研究和批判，得以实现其在人类社会中应有的崇高价值。

目　录

走出困惑，人生并非无可奈何

在古代中国的杰出人物中，苏东坡是时常为人所称道的。他的人品、道德、学问、才识，用今天的话来形容，那可处处都是"超一流的高手"。就文章而言，他的散文和诗词歌赋是天下独步；就艺术而言，他的书画是天下一绝；就修身而言，他深入儒释道三学，有相当的火候；就齐家而言，他三代父慈子孝，夫妇恩爱，家风和家学，足以为世之楷模；就治国而言，他青年时就金榜题名，为翰林院学士，多次任地方长官，政绩甚佳；就平天下而言，他的策论，上接汉唐，下启明清，在今天的政治中亦有借鉴作用；就其情操而言，不论顺境、逆境、对敌、对友，都是和乐平易、生机盎然……对崇敬他的人来说，苏东坡的一生，是那样圆融周到和完满，其性情才气，可以使人赞叹再三，在古代中国众多的杰出人物中，他真算得上是天之骄子了。所以在当时，从皇帝后妃到王公大臣，乃至贩夫走卒，无不喜好他的文章，人人都欲与之亲近。但另一方面，就苏东坡的命运而言，却常常使人感到遗憾。

苏东坡中年以来宦海沉浮，因陷于"党禁"累遭打击，常被贬迁。像他这样才气盖世的人，却无以施展其抱负。对一般的人而言，才高不遇必多怨，若非蕴深德厚，绝难善终其天年。苏东坡是蕴深德厚的人物，面对这极不公正的命运，他始终胸怀坦荡，积极地承受着这一切，并在这令人不堪的困境之中，充分地显示了自己本具的光辉，给后人们极大的启发和激励。

苏东坡 63 岁时被贬到海南岛，那是宋代最偏远的地方了，66 岁时方遇大赦北还，却因病逝于常州。就在他逝世的那一年，他北还时经过一个朋友家，看到了那位朋友因怀念他而画的一幅临摹像。看见自己往年的画像，苏东坡戏谑地在这幅像上题了这么几句：

> 心似已灰之木，
> 身如不系之舟。
> 问汝平生功业？
> 黄州惠州琼州。

尽管是戏谑——幽默，但是可以看出其中的辛酸。在他的诗文中甚至还流露出：

> 人皆养子望聪明，
> 我被聪明误一生。
> 唯愿孩儿愚且鲁，
> 无灾无难到公卿。

这里虽有辛酸，有激愤，也有讥讽之意在其中，但仍不敢相信是出自东坡的手笔。苏东坡在人们的眼中，几乎等于是完人了，他对他自己的一生，尚有如此的遗憾，何况他人！

任何人一生，不外都是处在对己和对境的状态中度过的。对己，就是面对自己，面对自己的情感和意志，面对自己的喜怒哀乐，面对自己的整个精神世界。对境，就是面对自己的环境，面对自己有关的人和事，面对顺逆、吉凶、祸福、穷达和贵贱，也面对聚散离合。大多数的人，对己和对境的半径较小，不外是家庭、工作和生活；有的人对己和对境的半径则相当大，是面对整个社会、国家、民族乃至世界。大多数人面对的境单调平静；有的人面对的境则相当复杂，且变化莫测。可以说任何人，都有得意和失意之时，都有病痛煎熬之时，都有聚散离合之时。旷达多识如苏东坡，尚有如上之感叹，所以面对人生，不能不有一番抉择，有一番磨炼和涵养，这是值得认真考虑的大事。

任何人都莫不希望自己高明一些，使自己在炎凉差别的人世中处于较为优越的地位，乃至建功立业；任何人都莫不希望自己安宁一些，使自己在复杂多变的人生中处于较为泰然的地位，乃至富贵寿考。这是哲学和科学都难以解答的问题，并常常受到忽视和误解——科学和哲学是热衷于解决那些既高且深的难题，对于微不足道的个人，是值不得下那么大的功夫，西方的人本主义，对此所言的也不深。

佛教则不然，它的重心，就是放在人生这个问题上，而且是千百年来，多少高僧们都在这个问题上思考、实践和总结。所以，佛教对人生是深思熟虑的，并有其真知和灼见。社会是人类的社会，人类是由各个具体的个人组合而成的整体，全部人类文明，包括科学和哲学，全都建立在众多的个人的基础之上，那些最杰出的科学家、哲学家，包括各大宗教的教主们同样是具体的个人，而不是神。所以，离开了具体的个人，人类的一切都会荡然无存。

具体的个人，必然有他的生老病死这一自然规律，必然有他的少学、壮用、老养和贯穿其中的得失荣辱等社会历程，当然也少不了喜怒哀乐及各种心理承受。中国的传统文化，把人的内容分为"身、心、性、命"四大系统，从而把自然、社会和精神三大要素归结在一个人的身上。身，指大自然所赋予我们的这个自然的、有生命、有智慧的生物体；心，心之官则思，是进行理性思维和情感活动的创造者和承受者；性，是指具体个人所禀赋的气质、气象和气度等；命，则是前三者相互作用，在社会的时间和空间中所运行的轨迹。一个人若要想了解自己的命运，其实用不着去找人算命，只要你认真地考察一下自己的身、心、性三者的状况，其命运大体就可知七八了。

身心性三者的先天成分极重。人没有不希望自己身体健康、仪容美好、聪明智慧，但这些都由不得己，在母亲的肚子里这是基本定了格的。用现代科学的话来说，这是由遗传的基因密码所决定的。于是乎"万般皆是命，半点不由人"这种消极的人生观似乎就有了"科学"的依据。但人类历史上却有不少"茅屋出公卿，公卿出庶人"的事例。就中国而言，汉高祖刘邦、宋太祖赵匡胤、明太祖朱元璋及他们的大多文武臣僚，就出身寒微。所以又有"事在人为，休言万般皆是命"的俗语。所以，许多人不信命运，勇于进取而得到了成功。

其实，先天和后天是不可分的，如同阴阳互包的太极图，先天虽是定量，如同地基，但后天却是变量，可以根据需要而在不同的地基上设计建造。对那些气运不佳的人《菜根谭》中有一段话可以作为座右铭：

> 天薄我以福，吾厚吾德以迓之；天劳我以形，吾逸吾心以补之；天厄我以遇，吾享吾道以通之。天且奈我何哉！

孟子说："穷则独善其身，达则兼济天下"，中国历史上众多的知识分子就是抱着这样的意志来安处顺逆两难的环境。得，固不喜；失，亦不忧。有个高于这两者的东西放在胸怀，使你在生活中潇洒自在。这门学问，是中国传统文化中的主梁柱，儒释道三家无不着眼于此，而以佛家最为高明和深入。

儒家讲究"格物致知"、"正心诚意"乃至"修身齐家"、"治国平天下"；道家讲究"坐忘""心斋"乃至"无为而无不为"。但其精微处，特别是在个人的内修上都比佛家逊了一筹。佛家的"四谛"、"八正道"、"十二缘起"，加上"三界唯心，万法唯识"，再加上"业力不灭"、"业感缘起"、"法界缘起"，几个定式就把人生、社会、自然、宇宙全囊括在其中，使人有眼界倍增，全局在握之感；而其有关心性的修养，如戒定慧之学，则如良医投药，细密周到，大有使人病去体安、意气风发的效力。所以中国历史上许多宦海沉浮、身心交瘁的士大夫们，一闻佛语，就欢喜奉持。而那些冷静的权贵们，因闻佛语，持盈保泰的功夫就又胜往昔一筹了。

就苏东坡而言，他是深谙此道的，他有许多僧道中的知己，并能虚心求教。在他大量的文章及诗词歌赋中，入世和出世打成一片，个人和环境融为一体；当哭则哭，当笑则笑，当歌则歌，逍遥自在。在中国文化史上得到了"其体浑涵光芒，雄视百代，有文章以来，盖亦鲜矣"的崇高成就。下面再介绍一个有关他的故事。

　　苏东坡被贬到黄州，有一次他得了麦粒肿的眼病，闭门疗养了一个多月。看不到好动的苏东坡，大家都认为他已经去世了。消息传到身在许昌的朋友范景仁耳里，范景仁恸然大哭，备足祭品到苏东坡家里吊唁。苏东坡的家属很惊讶，他们一点消息都没有得到。为了弄个明白，于是派人往黄州送信。苏东坡看到了这封信，被逗得哭笑不得。不久，他眼病好了，同几个朋友到长江上饮酒观景，至晚不散。当时他填了一首《临江仙》：

　　　　夜饮东坡醒复醉，归来仿佛三更。家童鼻息已雷鸣。敲门都不应，倚杖听江声。
　　　　长恨此身非我有，何时忘却营营？夜阑风静縠纹平。小舟从此逝，江海寄余生。

　　苏东坡写毕，与朋友们反复吟唱了几遍，方各自归家。第二天黄州全城传遍了一个消息："东坡昨晚作了一首《临江仙》后，挂冠披发，驾舟长啸，成仙去了。"知州大人一听，吓了一大跳，属他看管的"钦犯"走了还了得，于是急忙赶到苏东坡的寓所探个究竟。哪知东坡先生却在床上鼾声如雷。这段佳话很快传到汴京，引起不少的议论，但苏东坡却处之泰然。

　　古今中外，尽管物质文明和精神文明在形态上有很大的差异，但有一点对每一个人来说则是共同的和不变的，这就是前面提到的，每个人都必须面对自己的"心"和"境"。这是任何人立身处世的基点。人的一生，就是这个基点所运行的轨迹，人的一生，都必须出没于这个基点之中。就是这个基点的演化，派生出人类的文明史，派生出我们今天所看到的一切。就是在这个基点之上，佛教向人类演示了它的无上大法。过去、现在、未来也好，人生宇宙也好，地狱天堂也好，极乐世界也好，全都离不开这个基点，全都是在这个基点上建立起来的，同时又在这个基点上消失得无影无踪——真奇怪！这里面有极深的道理和学问，但这里面却又最平淡无奇，不值一提。但千万应留心一下这个基点，人们的吉凶祸福，得失荣辱，恰恰就在这个基点上运动开的。《周易》

说："知几其神乎？几者，动之微，吉之先见者也。"这个基点，和《周易》中所谈到的这个"几"，甚至和道家所说的那个"道"，有着密不可分的关系，你要了解和掌握自己的命运吗？你要想有所成就吗？"从我做起，从现在做起"——就是在这个基点上下手——里面的世界，比外星人还要富于吸引力。

因病而取，随你！

我们面对的世界是相同的呢？还是不同的呢？人与人之间，是平等的呢？还是不平等的呢？这个问题，对不同的人来说，有不同的答案。说同，说平等，有其相应的道理；说不同，不平等，也有其相应的道理。但真理不应被分割为截然相反的两个部分，有的人说，我们面对的世界既相同又不同，人与人之间既平等又不平等。这实际上是把两种道理结合在一起。人的认识阀门只要一被打开，就会出现如同庄子所描述的那种现象：

> 彼出于是，是亦因彼。彼是，方生之说也。虽然，方生方死，方死方生，方可方不可，方不可方可。因是因非，因非因是……是亦彼也，彼亦是也。彼亦一是非，此亦一是非。果且有彼是乎哉？果且无彼是乎哉？（《庄子·齐物论》）

庄子的这段议论，既艰涩，又明白，人们读到这里，如果不懂，那当然艰涩；如果懂了，发出会心的一笑，那当然明白。人们面对的世界，如同一大篇无字的天书；人与人之间各个运行的命运，如同一部有声有色的小说。你若懂了，明白了，就不会去计较世界对人们来说是同或不同、平等或不平等这类问题；你若不懂，不明白，当然会陷在这个问题中去苦苦思索。

对这个问题，的确应落实在各人自己的感受上。大多数的人面对这类问题情绪是激动的，世界对人们来说同与不同扯远了，人与人之间的不平等却是现实，是人人都不能否认的现实。当官的和老百姓就不平等。在当官的中间，有大有小，有实有虚，有肥有瘦，这是官员中的不平等；在老百姓中间，有富有穷，有顺有逆，有乐有苦，这是老百姓中的不平等。改革开放以来，贫富差距拉大，城市与农村不平等，机关、事业单位和国有企业、私营企业、个体户彼此都不平等；男女老少就名词上来看就不平等，健康人和残疾人之间也明显的不平等，有的美、有的丑、有的高、有的矮、有的胖、有的瘦，放眼一望，全是不平等，不用说还有善恶智愚等等了。

　　"天不满西北，地不满东南"，这是中国古人的天文地理观，天地尚不能平等，何况于人，何况在差距急剧扩大的今天。要发展，就必然不能平等，水平则不流，何况许多哲人都看到了不平等是社会发展的杠杆。空想主义的平等，则只会造成社会的停滞，懒惰和无能。不平等才会有竞争，竞争本身就是生机，就是活力。有许多人感到不满，因为竞争往往不在同一条起跑线上展开。是的，正因为这个不平等，才能真正一展英雄本色。孟子所说的"生于忧患，死于安乐"，在西方的许多庞大的企业集团中也可以找到不少印证。企业、财团中的新陈代谢早把那条"起跑线"搅乱了。而真正不变的，是各人面对的那条"地平线"，应该在这里起跑，不必去管别人。

　　就今天的中国人而言，首先大家都是中国人，共同生活在这九百六十万平方公里的土地上，我们共同继承着五千年的历史文化遗产，共同面对自鸦片战争以来的欧风美雨，我们共同处在大变革的今天，面对着自己的工作和生活，每一个人都有头有手有脚，都不甘贫穷和落后，都想在市场经济的大潮中冲浪——这是每一个中国人所面临的共同的世界，这个世界对大家来说是平等的，没有差别的。同时每个人所处的环境和地位各不相同，所拥有的能力和手段也各不相同，如何在这样的环境中取得优胜呢？这无疑是一门新的学问，而且是一门大的学问，这个学问，该从哪儿入手呢？

　　有些事情是难以说得明白的，理论家不等于是实践家，经济学教授未必能领导好一个企业，许多心理学家也未必能把握自己的心理。知识的拥有，不等于气度的恢宏。有一位佛门老法师说，学以致用，学以变化气质，学所以学养也。佛教对于知识的衡量，与世间常情有很大的不同。掌握一门知识，一行专业的技术并不难，难的是改变人的气质。一个人如果具备了优良的气质，那就一定会在生活和工作中处于优胜的地位。在这里，知识和经验只是处于从属的地位。中国人历来注重本末关系，一个人的气质是本，能力的大小因其气质而定。而知识和经验是末，在没有气质、没有能力的人身上，这些知识和经验是起不了多大作用的。古人说，"道在得人"，大道尚须待人而行，何况知识和经验。所以，善用知识和经验者，首先应该用在对自身的改造上，把自己的气质陶冶一番，光景就会大不相同。所以古代中国哲人特别强调对身心性命的锻炼，身心性三者得到了优化，知识和经验才能为我所用，且得心应手。

所以，在这里且不论世界对于人们来说是相同的或不同的，人与人之间是平等的或不平等的，有一点必须得到确认，每一个人都有他自己的世界，有着他自己的身心性命。必须面对的是自己的心和境。当了皇帝，成为亿万富翁是如此，一般的平民百姓是如此，乐的人是如此，苦的人是如此，一切人莫不如此。

可叹的是，专注于工作的人并不多。那些如《周易》所说的，"畅于四肢而发于事业，美之至也"的人则更少。国内曾经不是流传着"一亿人打牌，一亿人跳舞，剩下的都是二百五"的俏皮话吗，可见人的疏懒之至。改革开放初期，股票市场的大门刚开启了一条缝，马上就形成了惊天动地的炒股狂潮，人们的精力又投入到了股票的冒险和投机之中。这与科学、产业、文化的现代化，与经济的腾飞又有多大的关系呢？不论牌桌、舞场和股市，也不论假药、假酒及种种假冒伪劣产品，也不论种种新办的"开发区"，更不论那些数百万、上千万元一套的林林总总的高级别墅区，许多人在其中倾注了大量的精力和热情。我们应在其中看到相关的因果关系，应看到国家在其中所得到的是什么呢？当事者个人在其中又会得到些什么呢？——这可是我们共同面对的世界啊！

在牌桌、舞场和股市中，在一切的社会活动中，不论成败得失，都会直接产生出恩恩怨怨、是是非非和喜怒哀乐等心理感受，让当事者承受，并引发一系列的矛盾和斗争。肚皮官司远比刑事官司、民事官司多出万倍，"内耗"是我们面临的最深重的疾病。从历史上看，东汉、唐、北宋、明朝这几大王朝衰亡的主要原因之一就是朝廷中的内耗——党争。苏东坡的不幸，就在于他不自觉地落入了他不愿涉足的那个"党争"的泥潭。柳宗元、刘禹锡等也因之而累遭贬迁而不得施展其才略。今天的中国人应该抛弃历史的这种因袭的重担和传统习惯势力的痼疾，内部多点安宁，少来点争斗，上上下下团结齐心，抓住发展的机遇。

高明的人之所以高明，他们往往是善于摆脱和超然于矛盾是非之外。《诗经》说，"既明且哲，以保其身"，高明的人当然会时时以心中之眼，观身外之事，一部《道德经》可以说是对"既明且哲"的最好注释。

矛盾是非，现象于外，但根子却在人的精神深处，"有诸内，必形诸外"，何况最终的承受者，还是当事人自己的精神。要超脱于外部的矛盾是非，必先超脱于内心的矛盾是非。苏东坡就对汉代的贾谊提出过批评，说贾谊空有"高世之才"，"一不见用，则忧伤病沮，不能复振"，所以是"志大而量小，才有余而识不足"，以至在英年忧郁而死。苏东坡才气和志气可以与贾谊并论，官场中的命运则比贾谊还要糟糕。处于困境和逆境之中，有才有能的人心中难免会产生不平之气，抑郁、忧愤、恼怒也会随之而来，这样，积于内则伤身，发于外则取祸。苏东坡深知其中利害，所以能"和其光，同其尘"，积极用佛道两家的心性之学来陶冶自己，在困境中得以保全自己，善终其天年，并为众多不得志的知识分子树立了"逆境顺处"的典范。

在今天，我们若想奋发，若想有一番作为，若想不论顺境和逆境中都独领一番风骚，应该从哪儿下手呢？苏东坡的气质不同于贾谊的气质，他们两人在身、心、性、命的对比上也有很大的不同，对以后的人们应有很大的启示。所以下手之处应该在各人的"心性"上，应该在自己的精神中下手，先把自己塑造一番，使人有"士隔三日，当刮目相看"的效果。当然自己更应有"清明在躬，志气如神"的焕发感。以这样的状态重新投入生活，投入工作，效果自然会大不一样。这样的方法和路径在哪里呢？先看儒家的，《大学》是《四书》之首，其地位自然不同一般，"大学"就是"大人的学问"，是成其为"大人"的学问，并且是这种学问的总纲。其中有一条著名的公式：

> 古之欲明明德于天下者，先治其国；欲治其国者，先齐其家；欲齐其家者，先修其身；欲修其身者，先正其心；欲正其心者，先诚其意；欲诚其意者，先致其知；致知在格物……自天子以至于庶人，壹是皆以修身为本。其本乱而末治者否矣。

"自天子以至庶人，壹是皆以修身为本"，这真是独具法眼，既看到了"天子"与"庶人"的差别，又指出了"壹是以修身为本"这样一个共同的起点，并指出了"其本乱而末治者否矣"的要害。你要"明明德于天下"吗？你要治国平天下吗？你要有一番作为吗？对不起，无论你是皇上、总统还是老百姓，都必须先从"修身"上下手，这一点在中国古代圣人们看来，不但是必需的，而且是绝对的，人人平等的。

儒家为了"修齐治平"，在"修身"这个起点上的确下了不少的功夫，但这毕竟不是儒家纯粹的"专业"。所以在很长一段时期，修身这一专业课，主要的教师反而是老庄，而不是孔孟。老庄讲修身，就比儒家更深入了。佛教传入中国后，这个"专业"逐渐又成为了佛家的"专利"。王安石就说过："成周三代之际，圣人多生儒中；两汉以下，圣人多生佛（门）中。"王安石对此的感触是深刻的，因为他本人就是著名的"大儒"。但王安石对这一现象并不十分理解，所以他曾问张方平："孔子去世百年，生孟轲亚圣，自后绝无人，何也？"张方平说："岂无？只有过孟子上者。"王安石很惊讶，马上请他举出比孟子还高明的人物，张方平说："江西马大师、汾阳无业禅师、雪峰、岩头、丹霞、云门是也。儒门淡泊，收拾不住，皆归释氏耳。"王安石听了之后

"欣然叹服"。

"儒门淡泊，收拾不住，皆归释氏"，对于希望在心性上更上一层楼的知识分子来说，儒家的"四书五经"，当然不如佛门典籍那样博大精深。儒家虽然提出了正心、诚意、致知、格物这一"修身"的程序，但对人的生命——精神的深层内涵并未能有多少的了解。而佛教则在其中"高高山顶立，深深海底行"，熟知个中三昧，所以，真正彻底意义上的"修身"，非佛家而莫属。宋朝是中国古代"文治"最盛的时期。国家对文化的重视超过汉唐，更远远超过明清。北宋时期（宋徽宗一代除外）没有唐代时那种偏袒性的宗教政策，对儒释道三家能平等地相待，在这样的文化状态中出现了"儒门淡泊，收拾不住，皆归释氏"的现象，的确体现了在"修身"这个环节上佛教的优势。

佛教认为，人与人之间是绝对平等的，六根六尘、十二处、十八界这一既构成人身、又构成宇宙的"法相"是人人俱具的。任何人都具有八识，任何人都必须服从于因果，佛菩萨们也不例外。佛教认为，人与人之间的不平等的确存在，不过这不是命定的，而是由自己造成的。因"业力不灭，业感缘起"的道理，人们因贪、嗔、痴、慢、疑等种种"不净业"及其与之相反的"净业"，也就是因人的善恶行为的不同，使人在身、心、性、命上发生很大的差异。对于世间的矛盾，佛教的着眼点既不介入——世间与我争，我不与世间争；也不回避——佛法在世间，不离世间觉，离世求佛法，犹如觅兔角。佛教的着眼点是要你死死地盯住矛盾——当然是人生中最根本的矛盾，上下左右、前后内外看个清楚，看个明白，最终把这种种矛盾看得烟消云散——一切法空。这样，你就得到了人生的解脱，你就不会去计较这个世界对人们来说是相同的或不同的了，也不会去计较人与人之间是平等的或不平等的了，你在其中积极地生活、工作和奉献就是了。不同的是，你自己会真实地感受到自己是这个环境、这个世界的主人，而不是奴隶；你会真实地感受到身上有一种宇宙的潜能，源源不断地释放出来，给予你无穷的力量。

佛教里号称拥有"八万四千法门"，里面应有尽有。你要认识自己吗？一套"五位百法"可以洞悉你全部的精神底蕴；你要修身吗？各种各样的"止观"如同药房里的药品一样，随你因病而取；你要在人世中得大自在，在宇宙中超越吗？"六度波罗蜜"是无上的大法。古往今来，不少人在其中打开了眼界，振奋了精神，焕发了意气，以崭新的面貌，重新面对这个共同的和不同的世界，重新面对这既平等又不平等的人生。如果说古今中外有什么不同，但每个人面对"自己的"心和境是共同的、平等的，任何人都无法回避的。这是现实中的现实，是与自己最贴近的现实。若能把这根"弦"调理好，自然会享受到最为美妙的乐曲，其中既有"英雄进行曲"，也有"春江花月夜"，既有个人的"小夜曲"，也有宇宙群星的"协奏曲"，这就看各人愿弹什么调了。

心灵的图表

　　人的需求是多样的、多变的。"食色，性也"只是人生最基本和最根本的需求。推衍开来，衣食住行、学习工作、功名富贵都是人之欲也。这些是每一个人的恒常需求，原本天经地义，没有什么不好之处。但就在这些需求之中，人们总避免不了钩心斗角。小的普遍存在于人们之间的"肚皮官司"，大的到国际间的经济战、炮火战。钩心斗角、矛盾是非不是君子之所为，这是在道德伦理上讲；忧心忡忡、疑惧不安、暴躁易怒等则属于心理失调，心态失衡。社会是以个人为基本单位的，个人是为其内心所主宰的，个人的行为，不仅受制于理性，也受制于欲性，在某种量度之上，更受制于他的心理潜意识的状态。在西方社会中，几百年来被视为神圣的、主宰一切的人的那种理性，现在越来越感受到人的那个心理潜意识的压力。在法官们的案卷中，理性屈从于心理潜意识的现象，甚至比屈从于欲性的还要多，这引起心理学家极大的关注。在心理学、心理分析学有长足发展的今天，对人的行为，更多地被纳入了心理潜意识的领域来研究，心理分析和咨询也就异军突起。

　　当代心理分析大师佛洛姆说："心理分析是西方人道主义同理性主义的结晶，也是19世纪浪漫主义对人心中的种种黑暗力量之追求的表现，这些黑暗的力量逃出了理性主义的掌握。更进一步回顾，则我们见到了希伯来的伦理，是一门科学性的治疗学之精神上的源泉。"这是佛洛姆对心理分析百年来发展的一个总结。心理分析学家认为，现代西方社会正经历着文化危机，这种文化危机，导致了人的精神的危机。这种危机，因工作和生活的机械化、单一化及与社会和自然的隔离、疏远而愈加严重。一方面是因富裕和福利社会必然导致的懒散与无能；另一方面是因无情的竞争、危机所带来的紧张与不安。再加上从笛卡儿之后，西方社会思想的进展，使理性与情感分离，西方社会的人们认为只有理性才是合理的，而情感及其他非理性的精神内容则是不合理的。

人原本是有情感和理性的动物，照西方社会之规划，人的精神就被分割成理性和非理性的两部分，理性必须控制非理性，至少应如交通警察一样，监督和指挥精神中来来去去的过客，尽管其中有许多不该它管和它管不了的东西。同时，理性和情感、意志、欲望等许多非理性的东西一样，本来是一体精神的不同功能及其表现形式。一方对另一方强制的压迫，必然会引起精神自身的紊乱，理性自身也会感到劳累——警察也应有下岗休息的时候。这样必然会对精神——心理上造成重大的伤害，以至心理失调和心态失衡。中国人将精神喻为"心地"，在这一片精神土地中，什么种子都有，天知道在复杂多变的气候中，这片土地会长出什么花花草草来。理性作为这块土地的园工，真的就那么尽善尽美，不会摧残其中的生机吗？人生的目的是什么？理性是唯一的吗？这是西方心理分析、意志哲学、生命哲学、存在主义及各种非理性主义学派在本世纪内对理性主义提出的质疑和挑战。他们认为，科学技术、物质生产的极度发展对地球生态及人类所造成的威胁，都是理性一意孤行的结果。理性并不能消除欲性，反而使欲性膨胀到了不能令人忍受的程度，是为欲性装上了翅膀。

现代的心理分析发展，已经和佛教的禅宗搭上了线，并把禅宗的灵动、飘逸和泰然等境界，作为心理治疗的高层目的。这种联系，对于杰出的心理分析家们来说，其前景是令人鼓舞的。但是他们往往忽视了一条，即佛教唯识学与心理分析更为接近，若把唯识学作为中间环节，就会与世间的心理分析相得益彰，再以禅宗的"向上"来升华，这样，心理分析这一门学科基础才会更为坚实。不过学问归学问，对佛教来讲，更切实重要的却是实践，而且是落实在个人身上的实践。

　　人在认识外部事物的同时，必须对人自身进行认识。但西方对人的认识，历来是把人作为物化的对象来认识，对人的精神、心理的认识也常常落入这种程序。心理分析认为，人的认识只不过是人的意识中的一小部分，即明了意识或显意识而已，而人的意识中还有绝大的部分并不进入明了意识，它们处于明了意识的阴暗面，即负面，在暗中支配着人的整个精神、心理的活动，乃至整个人的行为。对这一不为明了意识所认识的意识，心理分析称之为无意识。他们认为，无意识是非善非恶的，非理性又非非理性的；无意识是整个的人，是全部的人，既包括了人的社会性、更显示了人的自然性；而明了意识则只能显现人的社会性，并受到历史文化和现在的环境的限制等等。

　　熟悉佛教唯识学理论的人很容易在其中发现这些陈述在佛教中绝不是新鲜事，心理分析所谈到的意识、明了意识，在唯识学中，第六识正好与它相应。而心理分析所谈到的无意识，在唯识学中，第八识也正好与它相应。不同的是，心理分析是站在时代的高度，穷西方理性之能对现代人的心理、意识作了大面上的总结，也很生动和精彩。而佛教唯识学则是从整个人生宇宙的角度，从历史的角度（包括了三世因果）用佛教专门的知识，对整体性的人和个体之人都作了深入细腻的、确定性的分析，无论在深度和广度上，都远非心理分析可比。心理分析不过百年的历史，而佛教的唯识学则经历了至少两千五百年的历史，并且不知有多少著名的高僧在其中倾注了毕生的精力和实践而总结出这一套精深的实践学说。

　　康德说过，人在认识客观世界的时候，先应检验一下自己的认识手段与能力。对人的认识，对人的生命、精神、意识、心理的认识，佛教唯识学建立了一套庞大的体系，简而言之就是人的八识，扩而充之则是五位百法。八识就是人的眼、耳、鼻、舌、身、意、末那、阿赖耶这八种识。其中的眼耳鼻舌身这前五识为人们的感官，是人的精神与外界进行交流的传感器。第六识就是意识，这种意识，比西方心理学中的内蕴复杂得多。粗略归纳，也有四种状态，即明了意识、定中意识、散乱意识和睡眠意识这四种。其中每一种，都有极为深厚的内涵。第七识是末那识，通俗来讲就是人人都形影不离的那个"我"——不论是自觉的或不自觉的那个存在及其力量。这可是人之所以把客观和主观天然地砍成两半的"罪魁祸首"，也是人类文明得以善恶"俱分进化"的幕后主宰。就是这个末那识——"我"，使人自己把自己绝对的孤立起来而与整个世界相分离（我是我；我思故我在；我不是你，不是他等等），另一方面，"我"不甘心这种孤独，又想重新与那个被自己分离的世界重新融合。这种融合不是自然的、无条件的，而是借助前六识的力量对世界进行占有，从而达到"我的"满足，如我的环境、我的财产、我的名望、我的世界等等。对于第七识的认识，一切哲学可以说是束手无策，最多只能在伦理道德上加以限制，对其内蕴和依据，只能是雾里看花。第八识是阿赖耶识，这个识则更加神秘难为人知，它有能藏、执藏、所藏三重功能，既是眼、耳、鼻、舌、身、意、末那这七种识的依据，又是人生宇宙及一切事物的依据。用现代的语言来讲，它既是宇宙大爆炸前的那一瞬间的存在，又是我们今天所面对的一切已知和未知的世界，又是宇宙大爆炸后在理论推导中所描绘的那个"黑洞"。借用遗传学的术语，它就是遗传基因的密码，借用心理分析的术语，它就是人的无意识。这一切都只能是形象的譬喻，并不完全与唯识学的"法义"相符。因为阿赖耶识就是阿赖耶识——既包容含藏着一切，又产生和变化着一切。

把八识的功能作用图表化，略作推衍，就是五位百法。这五位百法，包罗了人生宇宙的一切，又以"三界唯心，万法唯识"的原则，把它们浓缩在每一个人的心识之上。五位百法是人人都共同具有的。因人有圣凡的差别，所以又分为无为法和有为法两大类。无为法是佛菩萨们现量境界，对佛菩萨们来说是真实的、现在的。而对众生们来说，只是潜在的，是人们明了意识所达不到的、认识不了的境界，只有通过卓绝的佛法修行，最后这个潜在才能成为现在。无为法共有六种，分别是虚空无为、择灭无为、非择灭无为、不动无为、想受无为和真如无为。这六种无为，都是"非思量之所能及"，翻翻佛学词典，看看经书，得到的只是一些相似的概念，决不会使你进入无为法的。

因为佛教是人间佛教，其所建立的法门都与人类息息相关，所以五位百法中佛菩萨的无为法谈得很略，而与人类相关、相适应的有为法则说得极详。五位中除了无为法一位外，其余的四位都是有为法，分别是心法、心所法、色法和不相应行法。

心法共有八种，就是前面所谈到的眼识、耳识、鼻识、舌识、身识、意识，末那识和阿赖耶识这八大类。

心所法就复杂多了，它还分为遍行、别境、善、根本烦恼、随烦恼、不定这六大类。其中遍行又分为触、作意受、想、思五种；别境分为欲、胜解、念、定、慧五种；善分为信、惭、愧、无贪、无瞋、无痴、精进、轻安、不放逸、行舍、不害这十一种；根本烦恼分为贪、瞋、痴、慢、疑、恶见这六种；随烦恼分为忿、恨、覆、恼、嫉、悭、诳、谄、害、骄、无惭、无愧、掉举、昏沉、不信、懈怠、放逸、失念、散乱、不正知等二十种；不定分为悔、眠、寻、伺这四种。总计心所法共五十一种，每一种都可以细加引申，可以说包容了全部的心理现象。要知道五位百法是法法相互可以通融的，心所法虽指示了众多的精神功能、心理现象和心理状态，但又与心法、色法、不相应法，乃至无为法息息相关，所以心理现象远比表面的复杂得多，而是还要复杂万倍。人所了解的明了的那些心理现象，只是心理的表层现象而已，里面的内容还更为复杂，对这个问题，西方的心理分析已做了大量深入的研究。仅就心所法而言，里面的许多内容也极少为人所知，尽管任何人都生活在其中，感受在其中。

色法分为眼、耳、鼻、舌、身、色、声、香、味、触、法处所摄色这十一大类。这十一大类看似简单，其实已经把整个人生宇宙的物质现象全部整括在其中了。眼耳鼻舌身，是人类，乃至一切生命体的物质的存在。色声香味触，则是一切外部物质存在的物理形态、化学形态相对于人的感官领域所能接受的现象。而法处所摄色，则概指人的认识半径所覆盖的一切认识对象，相当于人类知识的总和，也专指非感官所能认识，必须经过思维的推理才能认识的对象。法处所摄色还分为五种，即极略色、极迥色、受所引色、遍计所起色和定所生色。如声光电磁的物质依据，就属极略色。而定所生色，则是修行在某种火候时所现的特异功能等等。所以，五位百法不开展则已，每一法若依佛教理论得以开展，都会给人们以极为广阔的认识和感受的空间。

有为法的第四大类是不相应行法，又分为得、命根、众同分、异生性、无想定、灭尽定、无想、名身、句身、文身、生、住、老、无常、流转、定异、相应、势速、次第、时、方、数、和合、不和合这二十四种。不相应行法，仅这概念就难以为人所了解，这二十四种到底说明了什么呢？简言之，得就是成就，命根就是寿命、生命……次第就是规律，方就是空间，时就是时间……五位百法，稍作注解就可以成一厚册书，这是佛教对人生宇宙的总结，是一个庞大的体系，有兴趣的读者可以去请教有关专家。下面取五位百法中的个别法相，结合心理分析谈谈。

心理分析中最根本的两点，一是意识，即明了意识；一是无意识，或称作潜意识。对意识、明了意识的理解很容易。如你的注意力投向什么事物，这个事物就会在意识中明白起来，在意识中明白起来的事物，或得到察觉观照的事物，就是明了意识。人们的思想、思维、心理等，莫不经常处于明了意识之中。而无意识则是精神中的黑暗或阴影的地带，尚未被意识所照明，或不能被意识所照明，但却在冥冥中对人们的精神、心理乃至生命发生作用。心理的咨询和治疗，就是要在这个冥冥之中找出头绪，对症下"药"，保护和引导人们进入健康的心理状态。

以佛教，特别是唯识学来看，心理分析有它极大的优点，但对人的认识显然不是全面和系统的，与五位百法那丰富的内容相比，心理分析只是在其中个别法相上得到了开展。如我们的意识，唯识学中认为具有"了别"的作用，就是能进行思维、推理、判断、联想、记忆等复杂的功能。同时这个意识又分为明了意识、定中意识、散乱意识、梦中意识四种。仅其中的定中意识，非修习禅定的人不能进入，而定中意识是强作用的明了意识，要真正打破心理分析所说的无意识，非定中意识加上般若行不可。而散乱意识和梦中意识，则往往是介于明了意识和无意识之间。无意识中的许多内容，往往通过散乱意识和梦中意识得到朦胧的显现。

若以唯识学来看，心理分析的无意识，应属第八识阿赖耶识。唯识学把一切精神的潜在功能和力量都称作种子，包括过去、现在、未来所感受或将发生的一切，都含藏在阿赖耶识之中。当种子"现形"，即出现在明了意识中成为人们身语意的现行活动时，其功能和力量就得以释放，又以不灭之故，归藏于阿赖耶识之中。但是一切精神现象的产生，离不开时间这个重要因素的参与。在五位百法中，不相应行法的第二十种就是"时"。要知道，没有"现在"这个时间点，一切精神现象都无从开展。西方学者把人的意识比作透镜下面的光圈，其焦点就是明了意识，离焦点越远，意识的作用就越黯淡。其实，人们原无所谓意识，也无所谓无意识。但是，有了"我现在正在思维观照"的这种精神状态，才能形成这种焦点，焦点所及之处就成了明了意识。但人们心中的那个活灵灵的"现在"是不断地在时间和空间中移动着，也就是这个焦点不停地在黑暗地带运行，于是产生了一条光明的轨迹。这里很明显，未被"现在"观照的地带可以说是无意识，被"现在"所观察，成为明了意识的永远只是其中极微极小的部分，而且不能离开这个"现在"，离开这个"现在"，明了的东西立即会沉入黑暗的无意识的深渊之中。好在人类文明的发展有了语言文字，可以把这些在"现在"中得以明了的东西积聚起来、联串起来，使人类得有今天值得骄傲的那些知识。现代电子计算机的应用和发展，更使这个"现在"得到了极大的充实和放大。但这一切，在全部人类的内蕴和潜在中，又有多大的分量呢？

这里可以看到，是"现在"把无意识的部分内容变成了明了意识，"现在"这一焦点的运移又不断地使明了的意识回到了无意识之中。所以无意识在佛教看来并不神秘，明了意识就是无意识，无意识就是明了意识，里面的魔术师是时间，是空间，是"我"的精神中的那个观照者。牛顿在未因苹果落地而发现地球吸引力之前，万有引力对人类来说是无意识，在之后则进入明了意识，又变成知识。在生活中，常常可以感受到明了意识和无意识及其易位，"这件事情我记不起了"，"这件事情我终于记起来了"，"这个问题我没有弄懂"，"这个问题我懂了"。难道不是这样吗？一个事物若终身不懂、不了解、无感受，那它对你来说就是无意识；你若懂了、了解了、感受了，那时，它就是明了意识。阿基米德在浴盆中发现比重，门捷列夫在梦中破解元素周期表，可以说他们是在这些问题上"顿悟"了，也可以说他们把某些无意识的内容变成了明了意识。

佛教的修行，就是要打破——扩大"现在"这个时间点，在刹那间洞见整体和全部的意识，解脱于时间轨道的束缚。所以佛教认为，见道开悟的人，是没有无意识、潜意识的。一切智、一切智智、大圆镜智的获得，就是把一切变为"当下"的明了意识，再也不用在时间和空间中进行周旋了。

佛教的"空有"观对认识这个现象有极大的帮助，无意识相对而言是"空"，因为尚未能被明了意识所感知和确认。明了意识是"有"，因为得到了感知和确认。但无意识进入"现在"，为"现在"所观照时，它又是"有"。当它离开"现在"而逝去时，它又是"空"。所以不论明了意识和无意识，就其本质而言，又是"非有非空"的，或"即空即有"的。而这一切，都是人们受局限意识所演出的影像、幻象，所以佛教更进一步说，这一切都是"空"，"一切法皆空"。

对积极生活的人来说，五位百法有着重要的意义，它可以使人们全面地认识自己，认识人性中的善善恶恶。你要成为强有力者，就应获得异于常人的内在力量，若对照心所法中的"别境"、"善"进行自觉地修持和自我改造，力量就会在你身上聚集。对心所法中的那些"烦恼"，千万要与之划清界限，不然麻烦就多了。保持自己的明了意识才能有正确的分析和判断，也才能真正观照自己和外部环境，而明了意识的保持和强化，没有严格的心性修养过程，是绝对不可能的。《周易》说："君子自强不息"，但必须是"进德修业"、"乾乾而惕"，才能达到自强的效果。但进什么"德"，修什么"业"呢？"惕"又惕个什么呢？许多人在其中是找不到目标的，但你若熟悉了五位百法，你就找到了导师，找到了路径，也就认识了自己，同时也认识了他人，认识了这个世界。

四谛·八正道与现实的人生

　　佛教的基本理论，大约可以归纳为四谛、十二因缘、八正道等。释迦牟尼佛在菩提树下悟道后，其"初转法轮"时，向徒众宣示的佛教理论的核心是"四谛法"，就是"苦、集、灭、道"这四个真理，所以四谛法又被称为"四圣谛"。四谛又可分为两组，一组讲人生的现实，即苦与集；另一组讲如何超越这个现实，就是灭与道。苦集二谛阐述了人生因缘而起的不自主的外在性和虚幻性，也论证了人生烦恼、痛苦的牢固性和永恒性。灭道二谛则讲述了佛法修持的可行依据和方法，及修持的最终目的——解脱后的佛菩萨乐土。一般说来，集为因，苦为果；道为因，灭为果，表现了沉溺世间和超越世间的双向因果关系。

　　苦谛乃在陈述包括人类在内的众生的生命、生存的根本就是苦。这个苦，不仅仅是情感上的痛苦，还包括了精神上、命运上、生命上的不自主、被奴役和逼迫性。佛教讲娑婆世界是"五浊恶世"，即劫浊——历史性的动荡不安；众生结集浊——人与人的关系，就是世间生活欲性横流，处处都是矛盾斗争；命浊——人的命根不净，恶业不断；烦恼浊——人的心灵被贪嗔痴慢疑等种种烦恼充塞，不得纯净；见浊——人的思想不得正见，不见真理而邪见充斥。在这样的大环境中，人生当然就毫无自由可言，只有痛苦性而没有安乐性——人类的历史，不是一再演示了这样的场面吗！

　　佛教对人生是苦的讲述很多，有二苦——内苦、外苦。内苦包括了生理性和心理上的种种痛苦，外苦则包括了自然和人为所带来的种种灾祸。在二苦的基础上还有三苦、四苦、五苦、八苦、一百一十种苦等无数苦，中国佛教中最常讲的是八苦。这八苦依次是：生苦——生存本身就潜在和直接面对痛苦；老苦——老年无依无能而产生的痛苦；病苦——身心两面所带来的种种病痛之苦；死苦——生命不得自主，面对死亡时所产生的恐怖；求不得苦——欲望、理想不能达到而产生的痛苦；爱离别苦——情感深厚的人事关系，如父母兄弟、妻子（丈夫）儿女、亲朋好友间的聚散离合而引起的痛苦；怨憎会苦——与自己的冤家对头、厌恶者、利害和情感相悖者不得已而聚会所产生的各种复杂、不自在的痛苦；五蕴熬煎苦——一切痛苦，都是由人身——人生这个色、受、想、行、识五蕴所承受而不能转移。爱到寺庙去的人常常会听到老和尚说，人的面相就是一个"苦"字；眉毛是"草头"，眼鼻是"十字"，嘴巴是"口"字，组合起来恰恰是一个"苦"。

佛教还指出，除了人生是苦外，整个生命现象还处于"六道轮回"之中，如果不修持佛法，不求解脱，那就"苦海无边"了。所以，人生的实质就是不断地导演和承受着痛苦。佛教还指出，人生中也会有"乐"——幸福和舒适，但却是无常和虚幻的，人不可能不修佛法而得到永恒幸福的精神。许多人会"身在福中不知福"，而痛苦几乎是任何人都会敏感、强烈地感受到它的存在，而与幸福感受之薄弱形成鲜明的对照。何况幸福的感受几乎立即会转化为贪欲——更多的占有，所以必然成为痛苦的源泉。

集谛的集，就是集合的集，人生宇宙的一切现象，都是因缘组合而成的。苦谛的因是集谛，这个集，集合的什么呢？集的就是烦恼，其展开就是"十二因缘"。十二因缘是佛教论证生命流转的重要理论，是佛教特有的理论系统之一，又名十二缘起，即无明——行——识——名色——六入——触——受——爱——取——有——生——老死这十二条因果链，是贯穿人的过去、现在、未来三世生命现象的根本公式。对十二因缘，我们将放在下一节中重点介绍，这里只就其第一个环节，也是最重要的环节——无明，作一点说明。

无明，通俗说来就是指愚昧无知，佛教认为，不懂四谛学说和般若学说的人，不论世间智慧再高，仍然是无明。所以中国佛教中许多高僧，干脆就把无明和烦恼联在一起，你知道什么是烦恼了，就知道什么是无明了。佛教对烦恼的分类很多，一般来讲可以分为十类，即先天的五类，后天的五类。先天性的烦恼是：贪——精神或物质上无限度、无满足地贪求；嗔——嗔恨，对种种非我的排斥、歧视、怨恨等；慢——骄傲、自是、懈怠等相关的心理状态；痴——呆痴、愚昧或对虚幻事物的非理智的执著；疑——没有牢固的、对真理的信念，动摇不定，不知是非的游移精神状态。后天性的烦恼是：身见——因个人生理状态、性格、情趣、嗜好而带来的不健康的、有害的认识及其理论；边见——一般指诡谲怪诞，与常情不合的那些不健康和有害的认识及其理论；邪见——与真理相对立、邪恶类的认识及其理论；禁见——同为佛法和人类社会所禁止的危险的认识及其理论；见见——因知识而形成的非真理的认识及其理论。

这十大类烦恼在先天和后天之中交织在一起而充塞着人们的精神内容，从而构成了光怪陆离的社会现象和变化莫测的命运。所谓十二缘起，实质上就是烦恼在生命现象中所处的十二个不同的阶段，明白了这点，反过来看戒定慧三学，就是为除断这些烦恼链而设置的无上妙法。如果人们深切地感到了灵魂深处陈垢的沉重，而欲焕发人生，振奋人生，则非以戒定慧三学对灵魂进行彻底的清扫，而得到解脱。

灭谛就是解脱，也称为寂灭，因苦集二谛的寂灭、消亡而得到的解脱，也就是涅槃。涅槃并不是指绝对的空无，而是指消除了苦集二谛后所得到的新生。涅槃在佛教中因为修持的程序不同分为多种，主要有"有余涅槃"和"无余涅槃"两种。这是佛教修行的最高目的，也就是成佛。但对涅槃的理解是艰难的，只有在通过对佛法的深入实践之后，才能明了涅槃的确切含义。

什么又是道谛呢？道谛就是指除断苦集、现证涅槃的佛教修行方法。一般来讲，是指佛教安立的三十七道品，就是八正道、四念处、四正断、四神足、五根、五力、七觉分，共七类三十七法，所以又叫"七科三十七道品"。佛教的修行实践的根本，可以说就是这三十七道品。说禅，说般若，说戒定慧都必须与这三十七道品相应。中国禅宗初祖达摩大师到中国，就提倡四念处，可见其重要。在三十七道品中，最重要的是八正道，因为这是释迦牟尼佛亲自讲的，后来佛教发展了，才在八正道的基础上充实为三十七道品。而中国僧人们本着中国文化好简易——突出重心的习俗，又把八正道归纳为戒定慧三学。所以我们对八正道应该了解。

八正道是：

一、正见 与邪见相反，是释迦牟尼佛所教范的正确的知识、认识，是佛菩萨智慧的产物。总的来说就是四圣谛和三法印。

二、正思维 "见"是指思维的内容，而这里是指正确的思维过程和方法。正思维是佛教特有的、导向于解脱的思维方法，也就是般若。

三、正语 堂堂正正、不妄不绮不恶的语言，有了正见、正思维，当然语言的内容或形式都不会违背佛法，更不会产生低劣恶毒的妄语、谤语、是非语等。

四、正业 身语意三业的活动都应按照佛教所指引的方向去进行。这些规定，对出家僧人来说，就形成了后来的戒律。最重要的是不能从事杀盗淫妄等恶行，乃至一切不净的行为活动，爱护、尊重自己和他人的生命，乃至一切生命，才能保证修行的纯正。

五、正命 正正当当地生活，不从事不正当的谋生手段，不能违反佛教准则和世间法律、习俗而从事异端性的职业。

六、正精进 要按照佛教所指示的正确解脱道路努力修行，不应懈怠和虚度时光，也不允许用不正当的方式和手段来进行修持，如同体育竞赛上不能以服用兴奋剂来夺取冠军那样。

七、正念 纯正自己的思维内容，即应该念持佛法，不能因烦恼的躁动而放弃正念。

八、正定 按照佛教所指示的方法来修持禅定，不能用邪门歪道的方式来修持禅定。正定必须是止观（慧）双修，所以修定必须用般若智慧来观照。

　　八正道是佛教修行的根本大法，可以看到它对人的精神、生命的严密程度。即使不是一个佛教徒，也可以通过这种修持来净化自己的身心。儒家讲"正心诚意"的修身，只有在八正道中才能得以深入和完善。八正道在中国通常被概括为正知正见，有了正知正见为纲，其他六项就迎刃而解了。同时又可以正见和正命为纲，以正见为纲，正思、正念、正定就在其中了；以正命为纲，正业、正语、正精进也在其中了。后来八正道的原则也为儒家所吸收，宋明理学家提出的"致良知"，就相当于正见，而"尊德性"就相当于正命。后世有的易学家讲《易·鼎卦》"正位凝命"，常以八正道正命的原理来发挥。

　　在现代社会中，八正道完全可以与心理学、行为学相呼应。八正道概括了佛教修行的基本原则，一切戒律、禅定和智慧，都是在其中推衍开的，离开了八正道的戒定慧，在佛教看来，是会走入歧途的。

佛说十二因缘

——生命之流和生命之链

　　人类生活在这个蓝色美丽的星球上，千万年来，大自然对人类只是无私地奉献，而人类则是无休止地向大自然索取，并且在近三百年来变成疯狂地掠夺。我们试想一下，在下世纪人类登上火星的时候，若要再造一个小小的，适合人类生存的环境，将会花掉多少千亿金钱？而这种行为，等于是地球向火星输出自己的鲜血，其代价和后果是难以想象的，更不用说向金星和木星移民了。如果，在地球之外的天体上，既没有地球上这样适合人类"胃口"的空气，更没有森林、草原、田野，也没有河流、湖泊和海洋，更没有人类的兄弟——动物世界，向外星移民好玩吗？若好玩，把上千万的人类"流放"到南极、撒哈拉和太平洋的海底不是要省事得多吗？同样也够刺激的了。如果忽略对地球本身的生态环境的改善和探索，那么，人类的科学每前进一步，在某些方面，等于是对大自然进行一次屠杀。现在，空气和土地被严重污染，臭氧层变薄并有极大的空洞，森林在消失，沙漠在延伸，大量的动植物物种在绝灭，而只有人类却在恶性膨胀。针对这种种现象，曾经由 1575 位科学家，包括 99 位健在的诺贝尔奖获得者联合发出警告，说："在我们能够避开现在所面对的威胁及人类前景不可估量地消失的机会之前，我们剩下的时间不会超过十年或几十年。"

　　两千多年前，中国的庄子曾无情地嘲笑过人类的"理智"，认为这只是被人类罪恶欲性所俘虏的、可悲的"理智"，是为虎作伥的"理智"，是诱使人类走向集体自杀和他杀的"理智"。为了使人类能安享天年，恐怕唯一的方法是回到"小国寡民，鸡犬之声相闻，民至老死不相往来"的状态中。要做到这点，先必须放弃这个"理智"，也就是去掉"机心"。多少年来，老庄的这些见解一直被认为是极其保守、落后和倒退的，甚至被认为是反动的。但在今天看来，老庄思想虽然是自然经济时代的产物，是农业时代个体小农思想的典型反映，不过，用现代生态环境学的观点来看，确实也有它的真知灼见。人类太迷信自己的"理智"了，也太迷恋自己的"理智"了。积重难返，现在谁愿意放弃现代化的生活而回到原始的生活状态中去呢？总而言之，人类的前景在下几个世纪将是难堪的。

老庄学说之所以难以得到人类的认同是因为其学说只有结论而没有详尽的论证。作为老庄学说的继承者道教，则多注重个人的"成仙"而忽视了其祖师学说的有关众生的这一紧要部分。所以道教的传布空间，甚至还不如老庄的学说广泛和稳定。

而佛教则不同了，在它庞大的理论体系中充满了辩证法，对人与自然关系的论证，即对人生宇宙关系的有关论述是其体系的核心。四谛、十二因缘、六道轮回和贯穿其中的因、缘、果、报，对数以万计的佛教徒来说是家喻户晓，并深入人心。遗憾的是佛教这类卓越的论述，大多被置之于千百年陈旧的习俗和庸俗的理解中。

前面一节中我们结合人生介绍了四谛，现在结合人的生命本身来谈谈十二因缘。

人的生命从何而来？佛教的解释当然不同于自然科学；人的命运由何而定？佛教的解释当然不同于通常所说的社会科学；人的情感从何而生？佛教的解释当然不同于心理学；人生将来的归宿是什么？佛教的解释当然不同于哲学。对这一类的问题。佛教的解释也不同于其他的宗教。佛教认为，人生的一切既不是由天神所主宰，也不是由"原罪"所决定，也不是那一种前世命定，也不是无因无缘的偶然或"自然"。佛教认为，人的生命和这个生命现象的运行——人生，是由因、缘、果、报这条因果链所构成，这条因果链，就是十二因缘，或十二缘起。

这十二因缘就是：

无明、行、识、名色、六入、触、受、爱、取、有、生、老死。

在介绍十二因缘之前，则必须明了这十二因缘之所以能够贯穿运行的一个佛教定律——业力不灭。在自然科学的众多成就中，物质不灭和能量不灭两大定律，可以说是科学的支柱，没有这两大支柱，科学的殿堂就会崩溃。但科学的显微镜和望远镜、解剖刀和计算机却没能测出存在于生命现象中的业力不灭这一定律。这个定律，是佛教独特的贡献。佛教认为，人，包括一切生命，都因自身的存在而产生其相应的行为，这种行为就是"业"。这个"业"是不灭的，与物理学、化学上的能量不灭、物质不灭的道理一样。如果这个"业"是虚幻不实的，是想象出来的，那么，过去的就不会延伸到今天，人类文明也谈不上积累。没有业力不灭的这个原则，人就不可能感知、记忆和回忆，也不会产生矛盾和斗争。这个业力，与物质和能量一样可以从一种形态转变为另一种形态，或寄寓于其他形态之中，其间的因果关系就不必多说了。

由于"业力不灭"的现实存在，十二因缘才能有运转的可能。所以这十二因缘不是单独孤立存在的，而是因业力不灭把他们相互如链环一样连接成一个生命的环链。它们依次为：

无明缘行：无明就是愚昧无知，佛教认为，人和一切众生，因为没有见到真理——万法皆空的道理，而有种种贪求和执著。行就是世俗的行为活动。无明缘行，就是指因为愚昧无知而产生的那种种世俗的行为活动。

行缘识：识指人的精神本体，在十二因缘中也指投胎转世时的生命的超自然状态。行缘识就是因业力不灭的那个前世的"行"，不自觉地使自己的超自然状态的生命体向相应的环境（父母）受胎投生。

识缘名色：名指精神或心，色指生命的物质结构。名色就是在母胎中的有生命有精神的肉体。这里，无明、行和识都新生于母胎之中。

名色缘六入：六入又称六根，指人的眼、耳、鼻、舌、身、意这六类肉体的和精神的存在。名色缘六入，即指混沌的精神因得肉体的养育而发育出不同的认识器官——这就是十月怀胎的过程。

六入缘触：触指一切外在的感触。胎儿诞生后，其六种感官与外境色、声、香、味、触、法等六类相应的接触与交流。终人一世，眼耳鼻舌身意这六大感官无时不与其相应的外部环境接触。

触缘受：受指感受、接受，也有储存的意义。人的感官，不仅与外界信息接触，并且通过这种接触，把外部信息储存起来，而产生主观的感受。

受缘爱：爱指贪欲、追求。因有主观的感受，必然对外部事物产生种种贪爱和追求的意愿。

爱缘取：取指对所贪爱和追求的对象产生的行为——现实的业力活动。

取缘有：有指业，即业力活动由动态转为静态，因业力不灭的定律而把种种业力活动转化为凝固的信息状态，储存于人们生命之中。

有缘生：生指来世之生，由于前面的种种业力活动的积累和储存，必然产生相应的果报，从而导致来世的再生。

生缘老死：一切现实生命的必然状态。从生至老至死，这是不可避免的规律。

这十二因缘，由于业力不灭的缘故，辗转感果，所以称之为"因"。它们之间又互为条件，所以又称之为缘，合称十二因缘。这十二因缘，深刻说明了众生生死流转的生命流的动态形象及其因果关系。任何一个有情有识的生命体，在没有因修持佛法而得解脱之前，对这条生命的因果链是不可超越的。

如同能量、物质虽然不灭，但其形态可能相互转换一样。业力不灭，但其形态在十二因缘的规定下，在"行缘识"的这一环节中，可以发生某种相应的变化，或人或鬼或畜生，由自己的业感而定，这就产生了六道轮回。

人类的视野，因受其感官的限定，只能在三维时空中对部分生命形态有所感知。这部分生命形态，就是生命的物质结构和我们相类同的那些动物、植物及微生物、原生物。而生命的物质形态与我们不同的，则不为人类所感知，也不为科学所承认。"六道"在佛教中指的是天人、人、修罗、畜生、鬼、地狱。人类能感知的仅有人和畜生两大类，而天人、修罗、鬼、地狱这四大类，从科学的观点看来，它不是人类所感知的，仅是意念中的，因此科学现今不承认有其存在。尽管西方历来有不少科学家对此抱着浓厚的兴趣进行有关"灵"的研究，并确认有其存在，但他们并不能代表整体性的科学界。

佛教根据业力不灭、业感缘起，和善有善的果报、恶有恶的果报这一因果链的道理，也根据深入禅定，达到超意识状态所观察的结果，向人们介绍了世界生命的主体层次结构，并依据善恶业力及佛教修行的程序，把生命分为若干高低不等的三大类。同时，这一切又是"唯识所变"的，与其业力果报相应的。这三大类是欲界、色界和无色界。在这三界之外，还有佛的净土。

欲界，就是人们常说的"六道"，也称为六趣。欲指贪欲，也就是没有得到净化的精神。这种未能得到净化，又深受各种欲望支配和熬煎的生命群聚集之处就称之为欲界。在欲界之中，又因其贪欲和恶业的轻重分为天人、人、阿修罗、畜生、鬼、地狱众生这六大类。

天人是六道中地位最高、福报最好的欲界众生，因为其贪欲最轻，恶业最少，而善业最多。他们也有与其生命相应的物质形态，但不是人类这样的氮氢、碳氧化合物为主的物质构成，故不能为我们的眼、耳、鼻、舌等感知。他们生活环境，就不像人类那样生活在粗糙的物质环境中，而是在我们所不能认识的一种"天"上。居住在这个环境的天人，尚不能离开食欲和情欲，故称为六欲天。这六欲天，又根据天人善报的轻重，分为四天王天、切利天、夜摩天、兜率天、乐变化天和他化自在天六种。

人，就是我们人类。既有深厚的善业，又有深厚的恶业，故常处于"一半是天使，一半是野兽"的状态，生活在地球表层这一空间。

阿修罗，也称为非天，是介于天人和人之间的一类众生。他们福报和力量都比人类强，但贪欲和嗔恨心极重，是战争和破坏的化身。他们生命的物质构成与人类不同，所以不能为我们所感知。

畜生，一般指与人类共同生活在地球上的各类动物，也可以泛指植物和一切低等生命。它们主要是因愚痴和贪欲的果报而形成，因为其生命为物质构成，所以可以为我们感知，并可以与人类（包括它们自身的不同类群）的生命互补互通，组成了地球的生态链。

鬼，又称幽冥众生，其智力和人类差不多，但因其恶业太重，心地阴暗，虽与人类共同生活在世间，但厌恶和害怕阳光，常在夜间活动，白日则潜入地底。他们的生命不同于人类的物质构成，所以不为人们所感知。其福报极少，痛苦最重。

最后一种是地狱众生，那里居住的全是罪大恶极的生命群体，他们的生活全是极度的痛苦和恐怖。

这六大类众生，各有其稳定的和特定的生存环境，这是因为他们的精神和业报有相应的稳定性和特殊性。另一方面，这六道又是可以互通和转换的，因为其精神和业力在不断地更新，精神净化一些，善业多一些，其地位则可以向上升迁。如果精神污染加重，恶业增多，其地位就可以向下降移。这六道之中，每一道都有许多层次可以升降，达到了从量到质的转变后，方才突破人类的规定，或升或降到另一种类之中。

色界是比欲界更高的一个生命群体所聚集的世界，这些生命和智慧的生物，比天人还要优越，因为他们已经没有粗俗的欲望了。不过仍有其物质的形态和身体，天人身体的物质构成，已非人类那样由粗笨的物质构成，而色界众生的物质构成，则比天人还要轻微精妙，更不能为人类粗俗简单的感官所感知。天人和色界众生，可以了知人类的一切，不过天人看人类，如同文明人看野蛮人。色界看人类，更如同人类看蚁穴蜂巢一般。色界在六欲天之上，也分为十七层（或说十六层、十八层）。这极其洁净高远之地，不是六道众生可以达到的，必须是断除贪欲、修持四禅八定成功后才能进入的。所以要进入色界诸天，必须修持四禅八定。这也是"唯识所变"的一种高级世界。

无色界是最高级众生所居住的世界，在这个世界上，不仅没有粗俗的欲贪，甚至连形体也没有了。只有清澈的精神的存在。但因为色界众生尚没有佛教所谈到的"万法皆空"的境界，也没有"普度众生"的功德，而是沉溺在那种极度的安宁和欢悦中，所以佛教看来仍然是凡夫，是众尘，而进入不了佛土，没有作佛菩萨的资格。无色界也是因修持禅定而达到的。这种禅定比四禅八定更高，称之为"四无色定"或"四无量定"。其中修定无边定就进入空无边天；修识无边定就进入识无边天；修无所有定就进入无所有天；修非想非非想定就进入非想非非想天。前三者还有心与识的存在，后一种则连心与识都"空"了。佛教认为，尽管色界、无色界极为殊荣优胜，福报寿命也极长，但都没有达到涅槃这种最高境界，仍然不能超越生死，仍然在生命流之中。所以佛教也劝告众生不要贪求这样的境界而应该勤修佛法，趋向终极的涅槃。只有在涅槃中，才能得到根本的解脱。所以，佛教在这三界之上，更指出了佛国净土这一最高最圣的世界。以上所谈到的佛教生命——宇宙框架模式，只是极为简略的介绍，在专门的佛教典籍中，论说是极其精致和严密的。有兴趣的读者可以自己去作专门的研究。

从上面的介绍中可以看到，任何生命——精神体都有其相应的环境——世界，这个环境世界不是命定的，不是神授的，而是根据自己的业行所感召而得的果报。这个业力的根源，则在于自己精神内部的"识"。心生种种法生，心灭种种法灭，三界唯心，万法唯识。争强好胜的心不灭，矛盾斗争当然不会消灭。贪求的心不除，人们自然不会放弃向大自然索取。所以，不论六道轮回或是三界，都是因人们自己的心识业力所感召而得到的。人类的现实，就是人类千百年来的业力行为，所带来的"果报"。

人类及人类所赖以生存的环境，用佛教的观点来看，就是人类的果报。报分两种，一是果报，二是依报。一个人的色受想行识五蕴，是一个人具体的果报，或智或愚，或健或残，或男或女，或贵或贱，都是果报的不同。而依报则指整个人类所居住、生存的环境。要知道，佛教认为，果与报是不二的，也就是人类与环境是不二的，它们之间只有融合协调，才能共存共荣。所以，人类决不能离开这个地球到外层空间去开辟自己的第二家园，而地球的森林、草原、各种动物、山川湖海、蓝天白云，也不会在另一个星球上再现。宇宙是有自己节奏的，群星也有自己的轨道，三界六道也各有其世界而不能混淆。人类就是人类，它的内在结构规定了自己的存在，无论人的理性如何扩张，也不能使人类变为神，变为上帝，而侵入其他生命层次的领地。

在这种意义下，人类就应善待自己，善待自己的环境。这个环境如果遭到了毁灭，实际上也就是毁灭了人类自身。如果以人与大自然对立这一种状态来处理人与自然的关系，它的出发点是为了人类的利益不断地去征服和掠夺自然，这样就破坏了人类与自然关系间的平衡。

在中国的古代文明中，不论儒释道三教或诸子百家的学说，都遵循着天人合一、阴阳平衡的关系来对待人与自然的关系。人类要生存，必然应当向自然索取，但必须遵循"春生、夏长、秋收、冬藏"这一原则，让大自然有再生的承受能力，同时遏制人类过高的需求以达到这种平衡。所以中国古人对自然这个生身父母是敬畏的，"须发肌肤受之于天而不敢毁也"，并把这种敬畏推导到一切生命体甚至山川湖海之中，以至达到了"天地之塞，吾其体；天地之帅，吾其性。民吾同胞，物吾与也"的恭谨程度，力图和自然环境保持协调，与之共存。所以，人类若要避免毁灭自己，只有彻底反省自己的欲望，反省那个被欲望所"绑架"了的理性。在这个基础上，才有可能逐渐减少对环境的污染，停止对生物群体的绝灭性屠杀，让大自然恢复其生机与活力。用日本池田大作博士的话说："地球是我们人类赖以生存的宇宙中的绿洲，我们无论如何要挽救这唯一宝贵的地球免于毁灭。"在巴西里约热内卢召开过保护地球环境的世界首脑会议，并发表了有关宣言。这只是微小的起步，有识之士清楚地看到，危及人类生存的"热点"真是太多了，数不胜数，人类若不经过一场浩劫，是难以逆转这一过程的。

中国是有着环境保护意识传统的国家，古代圣贤们有不少深刻的论说至今领先于世界。历代王朝的律典中，也有极多的有关环保的法令，这是我们的优秀文化遗产，我们可以认真研究并规划出未来的产业结构，并可以向全世界广泛宣传，使我国在世界的文化交流中处于主导地位而摆脱百余年的"被动挨打"局面。

日本的池田大作曾与英国的汤因比博士、意大利的贝恰博士有两次精彩的对话，编为《展望二十一世纪》和《二十一世纪的警钟》这两部在现代极有影响的著作。汤因比和贝恰结合整个人类文明史，特别是资本主义社会发展史（包括科学和大工业生产的发展史）对人类生存所带来的威胁，作了深刻的鞭笞，并表示了深切的忧虑。而池田大作则本着佛教，特别是中国佛教的天台宗理论与他们唱和，对人类在整体和历史的前景上作了不少精辟的论断。

我们这个生命之流和生命之链，就处于我们的精神心理与环境的这个根本关系之中。六道轮回也不是佛教故作骇人之谈，因为六道，毕竟给人既有希望、也有恐怖。佛教的愿望是一切众生全都成佛，全部进入净土，不愿意人类堕入畜物、鬼道和地狱。所以人心的净化是个根本，你要"超出三界外，不在五行中"么？就必须"放下屠刀"，用佛教所倡导的方法来清洗自己的灵魂。

戒定慧三学的时代意义

　　不论从事什么样的事业，当事者必须面对两个环境，一是外部环境，包括与自己事业有关的那些人和事；二是内部环境，即自己的身心性命四要素。要干一番事业，当然首先应有一番运筹，看看自己和环境是处于一种什么状态之中。高明的人，首先要熟悉这个环境，进一步与环境相协调、相融洽，再进一步则须驾驭这个环境，并以自己的意志来改造这个环境，使之成为自己事业的"顺风船"。成功的人，往往是顺着这三步走过来的。失败者，往往未走完这三步就被环境逐了出来。

　　要走完这三步，必须具有相应的背景和能力，以至手段。有的人有背景，也有手段，但没有成功，失败之处在于能力不足。能力是双向的，对外，能协调乃至驾驭环境；对内，则是能协调和驾驭自己的心性。许多人具备了对外的能力，但对内这个至关重要的部分却不甚了了。在历史上，那些在最杂复、最困难、最险恶的环境中闯出来并取得成功的人物，都是具有极强的自觉的协调和驾驭自己心性的能力。老子说："知人者智，自知者明，胜人者有力，自胜者强。"自胜——自己战胜自己——战胜自己的弱点，才能免除被他人击败的可能性，才能使自己立于不败之地。商战商战，这可是战场，一个优秀的企业家应该以《孙子兵法》来强化自己，懂了商战的"用兵之道"，胜算就多了几成。王阳明说："破山中贼易，破心中贼难。"许多了不起的人物，他们的失败，不是败在敌人的手中，而是败在自己身上。自己的短处和弱点，往往会造成判断的失误，同时也给对手以可乘之机。老辣之人之所以老辣，就是从不放过自己的漏洞。所以古代的明君贤相，常常张榜纳谏，欢迎大家提意见，同时也加强自我的修养使之完善，以弥补和防止自己的过失。

但认识自己，进而改造和强化自己并不是一件容易的事情。时代发展到今天，有的科学家、哲学家甚至叹息人类对自己的了解，甚至还没对火星所了解的多。从古希腊到基督教，从文艺复兴、宗教改革到近现代的各种学派，从古老的解剖学到现在的遗传工程，从逻辑学、心理学到脑科学，西方的思想总之是陷在心物二元论之中，总是把完整的人生宇宙这个系统割裂开来，所以不论建立怎样细密深入的体系，对人的认识，对生命的认识总是感到迷离的。在这样的文化基础之上，要进行对人的改造，当然是会有歧途亡羊的后果。从整体上看，核威胁、生态失调、人口爆炸将是全人类的悲剧；从局部来看，极端个人主义、性解放、艾滋病、恐怖主义也是人类身上的恶性肿瘤。对这一切，人类都必须认真对待，寻找出解决的方案。

《周易》里许多卦辞中，都有"时之用大矣哉"，"时之义大矣哉"的提示，在《系辞》中更明确指明了"日新之谓盛德"。时代在发展，社会时尚和社会心理也有复杂的变化，并有相应的时代特色，这是任何智者都必须知道和掌握的。但是我们还应当看到，汹涌澎湃的波涛只是大海的表层所显示的现象，扑朔迷离的历史现象也只是历史的"现象"，而主宰这些现象背后的力量则深沉得多，有力得多。所以，一方面应该看到时代的变化与更新，同时更应该看到引起这些变化和更新的那个内在的、历史的力量。

佛教是宗教，其重心是侧重于个人的解脱，但个人又非孤立的个人，必然是处在人与人的关系之中，处在社会的关系之中。个人的解脱，也必须和社会有着不可分割的联系。所以大乘佛教、菩萨道不仅至于个人，同时也把眼光放在众生上，这就是人间佛教。大乘佛教认为如果没有社会，没有众生，就没有个人的解脱。这样的解脱，就是立足于对个人、社会、人生、宇宙的认识和改造。有了认识，才谈得上改造，有了改造，这样的认识也才具有真理性。佛学是别致的。一方面是有关人生解脱的知识，另一方面更是人生解脱的实践。庄子曾说："尘垢秕糠，皆可陶铸尧舜"，何况佛法。而戒定慧三学，则是佛教用于人生改造以至解脱的必由之路。

大家知道，佛教是在两汉之际传入中国的。当时中国的文化已相当繁荣，政治、经济、军事的力量在世界范围内是无与伦比的。汉武帝独尊儒术，儒家文化极为隆盛，道家文化在上层社会里仍然受到广泛的崇敬和应用。正处于辉煌向上的华夏文化，为什么会接受在当时被称为"夷狄"的印度佛教呢？翻开据说是我国最早翻译的佛经——《四十二章经》一看，里面的境界和老子的《道德经》差不多，而且还远为粗糙，并没有多少特别吸引人的新鲜内容，中国人为什么会接受呢？这里有一个秘密，就是印度或西域僧人来传法时，除了带来大量的佛经外，还带来了戒定慧三学的实践。而真正引起中国人好奇与注意的，也还是戒定慧三学的实践。

当时中国社会还深受着黄帝——老子之术的影响，神仙方士、长生不老的修行方法在国内上层中广泛地传播着。老子强调"长生久视"之道，庄子谈到了"熊经鸟申"的导引术，生动地演示了"坐忘"，"心斋"的方法和境界。从长沙马王堆一号汉墓中出土的那些复杂的导引术画像，可以想象到其中丰富的内容和当时的时尚。但是，怎样才能进入"心斋"这样玄妙的境界，进而达到"长生久视"的目的呢？若考察当时的历史人物，除《神仙传》上所列举的荒不可考的人物外，几乎没有一个真有成效，皇帝和王公们个个是上当受骗，许多哗众取宠的方士们还掉了脑袋。神仙之说的魅力，吸引着当时许多人在其中探索。中国人又是重实际不重幻想的，总是在摸索真正可行之道。但从道家和早期道教的典籍中，是找不到这类修炼的阶梯的。所以道家显示给人们的"长生久视"只能是空中楼阁，一般人是绝难企及的。

但从印度传来的戒定慧三学就不同了。它详细地编排了修行的程序，由浅入深，从低向高，步步引人入胜。任何人只要按照这种修行程序走下去，就可以渐入佳境。这样就填补了道家修炼中所缺少或不完备的若干重要环节，使道教从中获到收益而有重大的发展。当时外来传法的僧人，大多都有极高的禅定功夫，一坐就是十天半月，不吃不喝、不行不卧、记忆既强、学问又广，有的高僧还有不少"特异功能"，这就足以引起当时人们的好奇和欢迎。

一般人提出戒定慧，就会联想到寺庙里的老和尚。的确，没有僧人千百年来对佛法的住持，人们又从哪里去得闻佛法呢？但戒定慧三学也并非僧人所独占。佛所说法，是为利益一切众生的，人人都有份，人人都可以从中得益，僧人只是佛教四众弟子中的部分而已。

说到戒定慧，一般人也会联想到禅。其实，一个"禅"字，本身也就包容了戒定慧三重意义。当然，专门的戒定慧还有其专门的含义，与单纯的禅有所区别。这里就先从禅说起吧！

禅是梵语禅那的简称，因当时意译不大方便，就直接音译过来，并简称为禅。其中有三层互包的含义：一是静虑，二是思维修，三是定——等持。

静虑是什么意思呢？静有清净、干净、纯净之义；虑指思虑、情怀等各种精神和心理内容，并兼有"过滤"之滤的含义。用今天的话来说，静虑就是纯净人们的精神，净化人们的灵魂。为什么对人们的精神需要进行净化呢？因为每一个人都生活在善恶交织、变易复杂的社会之中，人们的精神内容同样是善恶交织、变易复杂的。两者结合在一起，这种复杂就远非两者之和了。所以人们的心理感受从来就难以处于安宁平和的状态，总是处于喜怒哀乐忧恐疑惧等状态中。这种不安的心理，一是对人的健康无益，可以引发种种的疾病；二是对人们的事业不利，可以引起观察、判断和决策的失误；三是对社会不利，会在人与人间引起连锁反应，造成相互间的疑惧、不信任乃至矛盾斗争，造成社会的不安宁。所以，静虑对每一个人的修养是至关重要的，它可以过滤掉精神和心理中的那些杂质，使自己的精神和心理得到净化、达到一种清澈。这样不仅是一种极其高级的精神享受，而且会使自己的气质高旷起来。

人的精神内容真是太复杂了，对照五位百法中的"心所法"一看，里面就有五十一类善恶不同的东西，特别是二十六种根本烦恼和随烦恼更是人们精神中的毒草，对个人和社会都有重大的负面影响。对这二十六种非良善有益的精神内容，若不加过滤和排除，人们就会陷入在麻烦和是非之中，哪里还有可能去干一番事业呢？正是这些精神杂质，严重地干扰了精神的清澈性、自主性，使人在对自身、对社会、对自然的观察中形成错觉，走入歧途。

思维修又指的是什么呢？人之所以为人，就是因为人有逻辑性的理性思维能力，这种能力，通过观察、分析、综合、归纳、判断等程序，达到对事物的认识和改造。就个人而言，这种理性思维的能力，并非能完善地、长久地、稳定地处于明如镜、止如水的状态，它经常因精神杂质的干扰而处于盲目、散乱的迷宫之中。对思维本身而言，不仅需要受到保护而不受干扰，还需要更大的能量来支持和强化其功能。同时，思维自身也需要进行保养和矫正，使之处于最佳程序的状态，不然，这些都会使思维疲弊而误入歧途。何况人与人之间智力原本就有一定的差别。有的聪明，有的迟钝，还有的愚痴。若不对思维进行强化、优化性的调理，是不可能使自己卓然立于天地之间的。所以，对于人来说，特别是对那些欲有所作为的人来说，思维修与静虑一样，都是至关重要的。

成都武侯祠有一幅极有名的对联，是集苏东坡和朱熹文句而妙成的一联。苏东坡的上联是；"文章与伊训说命相表里"，朱熹的下联是："经济自清心寡欲中得来"。上联的意思是，诸葛亮的《隆中对》《出师表》可以与《尚书》中伊尹教导商王太甲的《伊训》，傅说教导商王武丁的《说命》相媲美。伊尹和傅说都是商代的贤相。下联的意思是诸葛亮经邦济国的文韬武略，是从清心寡欲这类修养中得来的。清心寡欲是我国民间惯用的成语，一般使用时都把它庸俗化了，没有体会到其中对人生的积极意义。这里，朱熹把清心寡欲提高到帝王将相们雄才大略的源泉这一高度上是深有见地的。纵观中国成文的三千年历史，历代王朝的兴衰交替都有"清心寡欲"或"纵欲败度"的经验和教训。大至国家，小到基层，领导人若没有良好的修养是办不好事的。孔子说："未能正己，焉能正人"，林则徐说："壁立千仞，无欲则刚。"这都必须与清心寡欲联系在一起。所以孟子进一步指出了"生于忧患，死于安乐"的必然性，并提出了"所以动心忍性，增益其所不能"这一明确的修身大纲。《大学》中的正心诚意、致知格物的功夫，也必须落实在人的具体精神状态及其内容上。清心是智慧的修养，寡欲是道德的修养，里面的功用大得很。但儒家的"清心寡欲"、"修齐治平"的这一套大纲，与道家的"长生久视"一样，往往也是高高在上，或有纲无目，使人难以入手。而佛教的静虑、思维修、定这三个合称为"禅"的修行，则解决了其中的麻烦。

静虑，作为对心灵的纯净，就有戒的作用，要过滤掉心灵中的杂质，是自觉主动的寡欲；思维修，则是对智慧锤炼，也就是清理心智，调整和强化其功能，使其能更好地为我们服务。

定又是什么呢？有的人把定看作为木石，认为是没有思维、没有情感的僵化精神，这是对定的误解。定有确定、坚定，有不移、不变的含义，是思维不受干扰而显示的清澈和明亮的状态。定在佛学中又有等持的含义，就是专注于境，心与境平等相持，不生变易，也就是还事物的本来面目，就如明镜照了事物并不对事物进行剪裁和增损。定还是一种专注的精力，不受外界的干扰，使意识保持明了而不散乱。定还是认识确定后的信念，稳固而不动摇。在生活中，若说某人有"定力"，临大事而不乱方寸，这样的人物必然是卓越的、强有力的。所以定又是意志的抉择，意志软弱的人其根本原因就是没有定力。定确立了意志的走向，是魄力的源泉。要战胜种种艰难险阻，要在复杂万变的环境中贯彻理性所描绘的蓝图，没有意志和魄力是难以走到底的。所以，一个真正有抱负、有志向的人必须明白这一层关系。知识和经验的量的获得，在于一个人的资质，只有扩充自己的资质，才有可能超越先天所确定的身心性命的规定，也才有更大的能力来协调和改造自己的环境。

以上是借禅来谈了一点相关的戒定慧。其实，禅只是佛教中六度波罗蜜中的一种，叫禅那波罗蜜，与六度波罗蜜中的布施波罗蜜、忍辱波罗蜜、持戒波罗蜜、精进波罗蜜和般若波罗蜜是平行的。戒就是持戒波罗蜜，慧就是般若波罗蜜。波罗蜜是梵语的音译，意为到彼岸，也就是得到了解脱和自在。般若是因学修佛法而产生的那种超世间的智慧，中国人好简便，就把六度波罗蜜概括为戒定慧三学。

尽管在禅那中已包容有戒定慧三重意义，但戒学仍有其独立和完整的体系而与禅学有别。无论六度波罗蜜还是戒定慧三学，各自都有其复杂的理论和修持系统，既各自独立又相互贯融。

戒学在佛教中有极为重要的地位，相传释迦牟尼圆寂时对弟子们说以后必须以戒为师。不守佛戒的人不能算是佛教弟子，这是佛教徒的共识。在中国，因研究和实践戒学的还形成了一大宗派——律宗，在今天仍有着崇高的影响。人们对于严守戒律的僧人总是尊敬的，因为戒律本身就是超人的体现。在中国，比丘有二百五十戒，比丘尼有三百四十三戒，沙弥有十戒，一般的在家居士也必须接受五戒。戒学在佛教中又称为增上（卓越）戒学，对心灵的改造和建树有着积极的意义。一般人对于戒学是畏惧的，害怕受其约束而不得自由，所以一般信众特别是士大夫们大多对定慧二学有所偏好。殊不知没有戒学作为基础，定慧是得不到手的。

对于比丘、比丘尼的戒律，不是这里能介绍得清楚的。只看看针对居士的五戒，也很容易体会到其中的积极意义。这五戒是：戒杀、戒盗、戒淫、戒妄、戒酒。这五戒都是对人的行为的规范。一般居士在接受五戒时，老比丘们都会作一些有关的讲解和引申，这个对五戒的引申，就是对人的身、语、意三业的自我控制和净化。佛教对人的行为结构，有极精密独到的见解，如五位百法所显示的。如果浓缩一下，则不外人的身（行为）、语（语言）、意（精神、心理）三个方面的内容，佛教称之为"三业"，人类的文明，就是建立在具体个人的这些"三业"基础之上。一切行为活动，包括工作和生活都必须在"身业"中展开；一切语言文字信息等交流活动，都必须在"语业"中展开；一切精神、思想、心理、情感、意志等内在的活动，则总属于"意业"。一般而言，由意业派生出语业、身业，同时三者也是相互配合，相互影响，融为一体的。

佛教的戒，就是建立在人的身语意三者的基础上，对人的行为进行全方位的管理，使之舍恶向善。对照五位百法中的心所法一看，那些精神和行为中的内容属于不善的，就应当回避和舍弃；那些属于善的，对人们和社会乃至整个大自然有益的，就应当多作多为。在现代社会，甚至在古代社会，杀盗淫都为法律所不容。有道德、有教养的人自然也不会去触犯，并且自觉和本能地恪守着这三条原则。酒有误事的一面，酗酒可以使人神志不清、血脉紊乱而影响健康，更影响修行。所以严守戒律的佛教徒把酒是与毒品同等看待的。这四条是有关身业的戒。

有关语业的戒律概定为妄言（不负责任的、没有道理的大语、废话）、绮语（惑乱人心智与情感的语言文辞）、两舌（播弄是非、制造矛盾引起争斗的语言）、恶口（伤人情感、败人声誉的粗言恶语）这四个方面。

有关意业的戒律则更广，包括了贪、嗔、痴、慢、疑及种种不正见——种种不健康的心理、情绪、性格及思维的内容。

从这里可以看到戒与定密切相关，定的功用，恰恰是戒所归纳的内容。一个人身语意三者都乱七八糟，哪里会有静虑、思维修和定的功用和妙境呢？同时，修定就是养戒，守戒就是养定。若能在生活中把身语意三业看管好，达到某种程度的净化，那就说明在生活中有真正的定力了，远比在蒲团上坐几个钟头的力量强得多。

一个人要在社会中生存，与环境和谐，取得成就和地位并加以巩固不是件容易的事。其中个人的道德信誉是至关重要的，而道德信誉的获得则必须恪守身语意三业基本戒律的约束。政治界和经济界中，那些因种种"丑闻"而下台的、入狱的、破产的，如果守住了这些最基本的戒条，头脑再清醒一些，则不会落入那些"丑闻"的泥潭了。那些三业不净之人，则绝对上不了大雅之堂，事业也不可能有大的成就，即使一时运来也未必能够持久。而那些身语意三业混乱的人，特别是身恶业严重的，等待他们的只有法庭。所以，有志气、有抱负、欲有所作为的人或已经有所作为的人，最好主动地清心寡欲一番，对自己的身语意中的善恶是非作经常性的检查，这样对自己的前程是极有好处的。若真有刀枪不入的"护身符"，守好身语意三业的戒律，其功能会比"护身符"灵验得多，这样既可以远害，还可以得人望，受到人们的尊敬和拥护。

在今天，佛教的戒律还有特别的意义，如戒杀——不伤害其他生命这一条。地球的生态失调、物种绝灭的根源就在于整个人类"好杀"。那些为暴利所驱而猎杀珍稀动物、滥伐名贵植物的人毕竟只是少数。人口的爆炸所带来的粮食危机，大工业不可遏制地发展，使人类无限制地侵占大自然其他生命类群的领地。森林的消失，草原的消失，耕地和沙漠的扩张，受到威胁的不只是动植物，而是人类之外的几乎全部高等生命的类群，而且人类最终地，也必然会自食恶果。

那么，佛教的慧学又告诉我们什么呢？佛教号称智慧之学，其慧学就是般若学。般若是佛教宣称的特有的智慧，是出离世间的智慧，与人类的世间智慧不同。人类的世间智慧，就是人类的理智，但人类的理智与人类的欲性是不可分的。一个很简单的公式就说明了这个问题。有价值、有利益的行为是理智，没有价值、没有利益或丧失价值、丧失利益的行为则是愚蠢——这人间的标准，是与欲性不可分离的标准。

般若之所以被称为出世间的智慧，因为它是排除了欲性的清澈智慧，借用康德的话来说，可以叫做"纯粹理性"。所以佛教称世间的智慧是"有漏智"，而般若则是"无漏智"。由此，我们可以看到佛教的慧学与戒学和定学密不可分，是三位一体的。有了般若的智慧，才可以制定出相应的戒律和禅修的程序；有了相应的戒律和禅定的实践，才能得到相应的般若智慧，只有通过般若，才能使人得到最后的解脱。

在六度波罗蜜中，般若波罗蜜处于最高的层次。用佛教的话说："佛一切时皆说般若，以故，般若为诸法本。无尽佛法从般若出，以故，般若为诸佛母。"可见其地位之高。要知道，般若不是知识，不是学得到的，而是在佛教的修行实践中产生的。把般若作为知识，只是"文字般若"，是死的；在实践中，在生命中涌出的般若，才是活的，叫"实相般若"或"活般若"。

那么，般若这种智慧有什么特征呢？当然有，这就是"万法皆空"。许多人对这个"万法皆空"感到不可理解，明明世界是"有"

嘛，有你有我有他、有社会、有自然、有生活、有工作、有矛盾、有斗争、有喜怒哀乐，什么都有，怎么会"万法皆空"呢？是的，这一切都是存在的，但这个"空"，乃至"万法皆空"也是存在的，并包容了前面的一切存在。我们现在看到的种种"有"——存在，可以说同时是"空"——不存在。昨天的一切对昨天而言都"有"，今天来回顾这个"昨天"呢，这个"昨天"在今天中已不复存在了，同时"今天"的一切在明天中也不存在了。古埃及、古希腊、古罗马在当时是存在的，秦皇汉武在当时是存在的，唐宗宋祖在当时也是存在的，但在今天，却消失得无影无踪。时间是无情的，既产生一切，又收回了一切。人的一生是留不住的，从小到老，没有一点办法，谁不愿自己青春长驻、长命百岁呢？回忆过去，是体验"万法皆空"的一个简便方法。稍对生活执著的人，是很容易产生这个感受的。所以，从孔夫子的"逝者如斯夫"，到苏东坡的"大江东去"，都是对这个"空"的形象精妙的描绘。"空"并不妨碍这种种的"有"，"有"是存在的，但其稳定性只是暂时的，而其变动性则是绝对的。当然应"对立的统一"来看待二者，但一般人来说，则往往对眼前的东西贪恋执著，看不穿、放不下而引起心理上的种种失衡。对空有的关系，佛教是讲清楚了的，一方面是"色不异空，空不异色"，"有"和"空"是一个事物的两面。离开有，哪里去找空呢？离开空，哪里又去找有呢？这是一般哲学和人的常识都明白的道理。但佛教却在这个基础上更深入了一层："空中无色，无受想行识"——真正"万法皆空"了。佛教强调"万法皆空"实为不得已之说，其实世界空不空只是概念名词上的一些说法而已，与我们的生活有什么关系呢？但是，在现实生活中，由于人的欲性，由于种种贪、嗔、痴、慢、疑种种不健康的情绪、性格把理性束缚了，人类社会一直处于"优胜劣汰"弱肉强食的状态中，处于极大的不安宁之中。但是"浪淘尽千古风流人物"却是铁一般的定律，谁都避免不了，哪怕是天字第一号英雄，到头来仍然是水中月、镜里花。到头来，不得不承认"空"的力量。《红楼梦》中的《好了歌》和甄士隐的《好了歌注》，阅读过的人都会留下深刻的印象，都会使人感到"空"的振荡。

　　但是，"万法皆空"不是消极的，一个人如果学般若反而消极了，那可是走入了歧途了，谈不上进入佛学之门。"万法皆空"在佛教中被尊为"根本智"——一切智慧的根本和源泉，那是"悟了道"的人才能显现的，力量大得很，怎么会使人消极呢？那么，这个积极力量是什么呢？这个力量在于你看"空"了一切，才不会被事务所束缚，你才能感到自由，感到自己无论对心对境，都有主人公的感受和力量。下面看看"空"的妙用。

　　如果你成天无所事事，浪费光阴，"空"会向你敲响警钟，告诉你"昨日之日不可留"，不要蹉跎岁月了，要珍惜时间，认真地投入工作和生活。

　　如果你处在逆境之中，"空"会给你安慰：一切都会过去，机遇还会再来，好好卧薪尝胆，争取东山再起。

　　如果你处在顺境之中，既显且贵，"空"会向你提出忠告：注意物极必反，乐极生悲，要防微杜渐，厚德载物，以保承平。

　　对那些自叹能力与命运均不佳的人，"空"会说："这些都是空，请不必自卑，把这些从心中搬出去就行了。同时别忘了把能耐和好运搬进来。""要自己动手，立刻动手！"

　　对那些在利害得失面前犹豫不决、举棋不定的人，"空"会说："你把这一切都放下时，正确的决策就会出现。"

　　对病痛中不堪折磨的人，"空"会说："你别把我忘记了，你若和我交朋友，病魔就会害怕。"

　　对灰心丧气的人，"空"会说："你最好把我给忘记——把我也'空'掉。"

　　对过于勤奋，过于劳累的人，"空"会说："你把事情分些给我，定会获得更大的成功。"

　　其实，在老子的《道德经》中，对"空"的妙用就作过极妙的介绍（在老子那里是"无"，如果放在佛教"五乘共教"中来看，空和无的差别是极小的）：

　　　　是故有无相生，难易相成，长短相形，高下相倾，音声相合，前后相随，恒也。是以圣人处无为之事（空），行不言之教（空）。万物作而弗始（空），生而弗有（空），为而弗恃（空），功成而弗居（空）。唯夫弗居（空）。是以不去。

为无为（空），则无不治。

天长地久。天地所以能长且久者，以其不自生（空）故能长生。是以圣人后其身（空）而身先，外其身（空）而身存。非以其无私耶（空）？故能成其私。

再看不"空"的害处：

持而盈之（不空），不如其已。揣而锐之（不空），不可长保。金玉满堂，莫之能守。富贵而骄（不空），自遗其咎。功遂身退（空），天之道也。

面对不同的心境与环境，"空"有不同的妙用，一个人如果把"空"运用得如同《周易》所说："变动不居，周流六虚，不可为典要，唯变所适"的境界，那么就可以"笑傲江湖"了。

在许多人的心目中，定学是最为神秘、最令人神往的了，如圭峰宗密大师所说：

然定一行，最为神妙，能发起性上无漏智慧。一切妙用，万行万德，乃至神通光明，皆从定发。故三乘学人欲求圣道，必须修禅，离此无门，离此无路。至于念佛求生净土，亦须修十六禅观及念佛三昧、般若三味。

前面我们仅就禅定在现实生活中的一般作用简单地谈了一点。但真正佛教意义上的定学，如圭峰大师所说，里面不仅极为深妙，而且层次井然。在佛教之中，禅定还分为外道禅、凡夫禅、小乘禅、大乘禅、最上乘禅多种。人们所熟悉的"四禅八定"和"四无量定"仅仅是凡夫禅，但如果修持成功了，就可以超越欲界六道轮回进入色界的"十八层梵天"和无色界的"四无色天"，修外道禅可以得到许多"特异功能"，修小乘禅可以成为罗汉，修大乘禅可以成为菩萨，修无上禅则可以立地成佛了。三乘禅定都是专业的佛教徒毕生所致力的，一般的人们既没有条件，也没有那个能耐去修，首先对"七情六欲"就舍不得离开，当然谈不上这样的专修了。不过在生活中，知道有这么一种神圣的境界，自己留点心，在有条件的时候也可以由浅入深地习养一些，这样对人是大有好处的。哪怕是凡夫禅，早晚二时坐上一坐，歇一歇心，都会产生令人惊奇的力量。如王安石当宰相时很劳累，一位高僧就劝他习习坐禅。几天后王安石高兴地说，坐禅真的有意想不到的好处，多年来我想作"胡笳十八拍"这首歌词，但老作不好，这次学着坐禅，坐在那儿思如泉涌，一顿饭工夫就把"胡笳十八拍"完成了，而且自己也很满意。

在今天，一些人把禅定纳入自己的生活和事业中，取得了不少成效。祛病延年的功效大家是知道的，在日本和韩国，有些科学家、学者、运动员都是通过坐禅，来提高自己的竞技状态，并取得了成果。在今天流行的气功热中，那些身怀"绝技"的大师们，哪一个不与禅定有关呢？当然，佛教，特别是人间佛教，则提倡把禅定纳入自己的生活，纳入自己的工作。在工作和生活中以戒定慧三学来陶冶人生，必然会使你感受到一种优势，一种潜力贯注进你的事业和命运之中，你会在其中得到泰然、自在和成功。

以上是对戒定慧三学最皮毛、最通俗的一点介绍，严格意义上的戒定慧比这深刻得多、广泛得多，是护持人们生命——精神，并贯穿到整个人生宇宙的一个灵动活泼的体系。这在后面的篇章中将作进一步的介绍。但是，仅就以上这些，在我们的现实生活中，能引起人们的兴趣和启示吗？

这里再重复一下，戒定慧三学是一个不可分割的整体。

性格·情趣·现实

前面我们曾谈到了人们面对的世界，既是相同的，又是不同的；人与人之间，既是平等的，又是不平等的这么一种奇怪现象。同时也指出了任何人都必然平等地有一个对心、对境的问题。不同的人，往往就是因各人对心对境的抉择不同，因而形成了这复杂多变、境趣各异的世界与人生。

当成熟的理性尚没有直接主动地面对人生的时候，人们身上有一个力量已经在暗暗地发生作用了，并有力地影响着对人生的抉择。当理性开始成熟，并进入第一线直接对人生进行干预的时候，他并不知道，他已经被那个无形的力量染成有色的了。当理性最终认识到自己尚不自主，而欲摆脱那个力量的束缚，却往往力不从心，往往妥协投降。这个不为人知的、影响着人生和命运的力量，我在这里送他一个名字，就是性情——性格、情趣。

《红楼梦》通过贾雨村的口，发表了如下的妙论，可供人们联想。

天地生人，除大仁大恶，余者皆无大异。若大仁者，则应运而生，大恶者，则应劫而生。尧、舜、禹、汤、文、武、周、召、孔、孟、董、韩、周、程、朱、张，皆应运而生者；蚩尤、共工、桀、纣、始皇、王莽、曹操、桓温、安禄山、秦桧等，皆应劫而生者。大仁者修治天下，大恶者扰乱天下。清明灵秀，天地之正气，仁者之所秉也；残忍乖僻，天地之邪气，恶者之所秉也。今当祚永运隆之时，太平无为之世，清明灵秀之气所秉者，上至朝廷，下至草野，比比皆是。所余之秀气，漫无所归，遂为甘露，为和风，洽然溉及四海；彼残忍乖僻之气，不能荡溢于光天化日之下，遂凝结充塞于深沟大壑之中，偶因风荡，或被云摧，略有摇动发感之意，一丝半缕误而逸出者，值灵气之气适过，正不容邪，邪复妒正，两不相下，如风光雷电；地中既遇，既不能消，又不能让，必致搏击掀发；既然发泄，那邪气亦必赋之于人。假使或男或女，偶秉此气而生者，上则不能为仁人君子，下亦不能为大凶大恶。置千万人之中，其聪明灵秀之气则在千万人之上；其乖僻邪谬不近人情之态，又在千万人之下。若生于公侯富贵之家，则为情痴情种；若生于诗书清贫之族，则为逸世高人；纵然生于薄祚寒门，甚至为奇优，为名娼，亦断不至为走卒健仆，甘遭庸夫驱使。如前之许由、陶潜、阮籍、嵇康、刘伶、王谢二族、顾虎头、陈后主、唐明皇、宋徽宗、刘庭芝、温飞卿、米南宫、石曼卿、柳耆卿、秦少游；近日如倪云林、唐伯虎、祝枝山；再如李龟年、黄幡绰、敬新磨、卓文君、红拂、薛涛、崔莺、朝云之辈，此皆异地则同之人也。

《红楼梦》的这一大段议论，矛盾和不可通的地方不少，对历史人物的评价也未必准确。不过有一点是独到的，它是借"正邪二气"交感而暗喻了性格、情趣在人生中的力量和作用，很值得人们深思。如果用佛教的理论对《红楼梦》这段议论作一番清理，可以使这个问题清晰起来。

佛教认为，一切众生都有佛性，都可以成佛。这个佛性，可以用《红楼梦》中的"正气"作譬喻；佛教认为，一切众生之所以是众生，就是因为"无明烦恼"充塞其中，不见自己的"真如佛性"，这个"无明烦恼"可以用《红楼梦》中的"邪气"作譬喻。真如佛性与无明烦恼对世人而言是难以分离的，用"五位为法"中的"心所有法"一加对照，各各结合，就是人们种种不同的情趣。一个人对"心所有法"中"善法"内容禀赋多，其气质、才华、能力和成就也就高；于"心所有法"中，那些"烦恼"禀赋多的，其气质、才华、能力和成就也就低；对这两者有对等禀赋的，则其命运起伏波动就大，也常易成为"有争议"的人物。这是隐藏在命运之中的内在根据，也是形成情趣的主要内容，不过常常不为人们所留意罢了。

在少儿中，就可以发现许多趣向迥异的性格和情趣：有的文静内向，有的活泼外向；有的诚实坦然，有的狡黠畏葸；有的好文，有的好武；有的领导欲强，有的甘于服从……这些差别发展到青年时期，也就是在后天环境的激发和熏习之后，差距更加增大乃至定型。在性格上，有的心胸开阔，有的心胸狭隘；有的诚实可亲，有的奸诈难近；有的仁慈祥和，有的残暴狠戾；有的大方豪迈，有的小气悭吝；有的志向远大，有的安分守己。在情趣上，则有的好文学艺术，有的好物理化学；有的好哲学，有的好科学……在职业的选择上则有工农兵学商政等百行百业的不同。当然，时下对大多数的人来说，他们的人生是被动的，是被动地在心和境的时间和空间中挪步。但对那些意志力强、性格和情趣力强的人，是能够把他们的情趣，转变成为他们的环境的。一个有强烈文学情趣的人，不论外界环境如何，都可以把他的环境变成他文学才思的土壤而滋润自身，最后成为一个文学家。一个商业经营情趣强烈的人，是可以把他的环境变成商业经营的实习场所而总结经验，最终使自己成为一个商业经营者。一个科学情趣强烈的人，尽管环境不如前两者那样容易得到转化，而相对于环境条件有较强的依赖性，但他仍然会千方百计地向他所要求的环境靠拢最终与环境融为一体而实现自己。

兴趣就是动力，而性格的优劣则可以成为动力或阻力，优秀的性格与欲望、意志结合在一起后，就会走自己的道路，往往会排除一切困难向着这条路走下去，直到实现自己的情趣。而恶劣的性格则往往制造前进中的障碍，与欲望和意志结合在一起时则引起痛苦和怨恨。道理很简单，优秀的性格与外部环境往往有较强的亲和力，而恶劣的性格则易与外部环境形成冲突。《水浒传》里的宋江是受好汉们欢迎和拥护的，而王伦，则很早就被火并掉了。中国人民从来就喜欢诸葛亮、包公，绝没有人喜欢秦桧、高俅。

性格和情趣的结合，形成了人的刚柔善恶种种不同。在成功的人物中，我们常常可以看到他们身上有一种吸引人的性格，并融解和包容了他们的情趣，这就是庙堂气、山林气和豪杰气。

庙堂，在中国历史上是皇室、乃至各级政府大堂的统称，要治国平天下，首先就得有庙堂气——堂堂正正，巍峨庄严，不可冒犯。嘻哈打笑的人，有几个能稳坐于庙堂之中呢？高明的相士可以从一个人的相貌言谈举止中来判断是贵人或是布衣，凭的就是对这个庙堂气的感受，对此他们很敏感。俗话说：财大气粗腰杆壮，有了官印，平常自然会养成一种气度，一种威仪而强烈地把这种信息表现在形象气质上。四书五经，是儒家修齐治平的经典，是专讲庙堂气的，古代要进入仕途为官为宰，秀才们必须先把这些经典读烂，然后经举人、进士这些阶梯，庙堂气重了，自然会加官晋爵。古代老官僚评判一个上等人的气质的优劣是这样的：

深沉厚重是第一等资质（可以入阁），磊落豪雄是第二等资质（可以为将），聪明才辩是第三等资质（可以为学）。《呻吟语》

其中第一等资质，其实就是庙堂气。为什么呢？因为庙堂气有稳定性，有规范性，是安宁与秩序的人格化。而磊落豪雄，美则美矣，但容易无视成规，打乱秩序，所以政权的要害（宋以来的王朝都是重文轻武，或抬文抑武。而纵观整个中国历史，其君其相都是以文为主，乱世则当别论）都以老成持重的文官主持，而少以武人主持。但攻城野战，威震四夷，则非磊落豪雄莫属。聪明才辩的人，可以进翰林，可以为谋士，可以为名流，可以当官，但往往难居要害，不能居正位，以偏官为多，也就是少了庙堂气。李白、杜甫、苏东坡，及与他们相类似的士大夫，尽管才气盖世，但因为少了庙堂气，所以在官场中不是被挤，就是被迁。尽管有"当今之世，舍我其谁"的济世胸怀，但也只能远望长安，或咏风吟月，或悲陈世事了。

山林气在中国古代社会的士大夫们中有重大的影响，因为"在朝为官"的毕竟是少数人的事，对大多数士子来说，要挤也是不容易挤上去的，弄不好还惹来横祸，如果时局动乱，则更加不堪，所以还是隐居乐业为好。但人生的价值如何实现呢？好在中国文化中有这方面的园地供他们逸养，先有老庄的道家学说，汉以后又有更加堂皇的佛教。当然，古代中国的知识分子并不是所有的都是因挤不上官或害怕惹祸而沾上山林气的。山林气，就是遁世，乃至出世。尧舜时的许由，孔子时的楚狂、桀溺、荷蓧丈人，汉代的严光，晋代的陶渊明和历代著名的高僧、道士，他们本意就是遁世或出世的，不愿意与世间尘埃为伍。

山林气是人生的一种纯真自然之气，并且的确是"清明灵秀"的。近现代一些最为杰出的科学家、哲学家和艺术大师们，往往身上也有这种山林气。如德国的康德、爱因斯坦等，社会生活的知识，他们可以说一窍不通。连谈恋爱都不懂，但他们的精神，却深深地融入了自然和宇宙之中。

宋代范仲淹有一篇《严先生祠堂记》，通过对严光和汉光武帝两人关系的赞叹，使我们感受到了山林气与庙堂气如何在古代中国是相得益彰的：

> 先生，光武之故人也，相尚以道。及帝握赤符，乘六龙，得圣人之时，臣妾亿兆，天下孰加焉？惟先生以节高之。既而动星象，归江湖，得圣人之清，泥涂轩冕，天下孰加焉？惟光武以礼下之。在《蛊》（周易的蛊卦）之上九，众方有为，而独"不事王侯，高上其事"，先生以之；在《屯》（周易的屯卦）之初九，阳德方亨，而能"以贵下贱，大得民也"，光武以之。盖先生之心，出乎日月之上；光武之量，包乎天地之外。微先生，不能成光武之大；微光武，岂能遂先生之高哉！而使贪夫廉，懦夫立，是大有功于名教也。仲淹来守是邦，始构堂而奠焉，乃复为其后者四家，以奉祠事。又从而歌曰："云山苍苍，江水泱泱；先生之风，山高水长。"

在范仲淹看来，"圣人之时"就是庙堂气，而山林气则是"圣人之清"，总之都是"圣人"之物，所以在这篇文章中对严光韵叹再三，感慕之极，同时也表现了他自己内心的山林气。所以山林气和庙堂气又是相通，可以相互弥补的。没有山林气，而仅有庙堂气，那个官也当得呆板而没有灵气，何况公案日久，自然生倦生厌，没有山林气作为调养，日子也不好过，何况有朝一日终会"下野"哩。所以，山林气是治疗官场心理暗疾的一贴妙药。许多仕途艰难的人正是因为有点山林气而使自己的心理得到平衡，避免了许多麻烦和祸害。当然，对那些纯粹隐居山林，遁世出世的人来说，他们的目的，则是成佛成仙、自在逍遥，自然不会稀罕什么人间富贵。

再进一步说，仅有庙堂气，尽管有了修齐治平的能耐，也未见得能真的洞悉人生。因为这个修齐治平是浮在面上的，并没有沉落在人生的底处，大有"不识庐山真面目，只缘身在此山中"的情形。而山林气则不同了，它超然于世间之外，旁观者清，洞悉人生深处的那种内在的因果结构，不是儒家，而是老庄，特别是佛教，它们对人生的解剖，可以说是入木三分，清澈透底。所以有了庙堂气，若想有更大、更为自在的作为，深入佛道二教，涵养些山林气，那才真的不虚此生。

豪杰气也是深为人们喜爱的一种气质。它不同于庙堂气的拘谨，也不同于山林气的清淡，有一种自在洒脱、雄浑刚健的人生风貌。从司马迁《史记》中所描写的众多这类人物开始，到《三国演义》《水浒传》，再到今天的"新派武侠"小说，里面的豪杰们不知倾倒了多少人。在现实生活中，许多人也喜欢聚集在豪杰们的周围，甚至甘愿为之驱使，以淡化自身的懦弱和无能。豪杰气给人一种亲切感，它的本质就是容人的、帮助人的，不像庙堂气使人感到高，山林气则使人感到远。在充满不平的社会中，豪杰气表达了人们对友情和正气的追求。但豪杰气亦有其不足之处，它往往是感情多于理智，个人的任性多于人与人之间的协调。在太平盛世之时，豪杰气往往会触犯刑律，所以中国的法家说"侠以武犯禁"。在乱世之时则可为奉天倡义之师，也可以成为占山为王之盗。上等人秉有豪杰气的，可以为名将大侠，中等人秉有豪杰气的，则多为地方俊杰。下等的则不堪说了。

凭心而论，人无完人，就庙堂气、山林气、豪杰气言，真是"鱼，我所欲也，熊掌，亦我所欲也"，都给人们强烈的吸引力。在今天的社会中，商品经济迅猛发展，一个高明的企业家，特别是亿万大亨们或是朝着"亿万"目标奋进的人，我奉劝他们最好多养点庙堂气、山林气和豪杰气。有了庙堂气，在商战之中才可以运筹帷幄，指挥若定，局局翻新；有了山林气，则可以高瞻远瞩，进退自若，指挥万机；有了豪杰气，才可以集聚人才，左右心服，战无不克。至于市侩气么，则万万沾惹不得，它可以使人的意志消沉，灵气全无。

人生的轨迹
——命相学禅观

　　看了前面各节，细心的读者对于佛教命运构成的学说可能会有大致的了解。要知道，身、心、性是牵引命运的三套马车，这架马车所运行的轨道就是命运。命相学不论在中国或是在欧洲，都有着较广泛的市场，而且源远流长。命相学根据国家、民族及其文化背景的不同而有许多种类，在中国就有身相、面相、手相、音相、八字、占卜、堪舆、星相等多种方式和类别，包括了从周易开始到奇门遁甲、紫微斗数、三命通会等多种专门的学问。

　　孔子就说过："不知命，无以为君子也。"但对于命，却很难说得清楚，于是孔子只好"罕言性与命"，处于一种"君子居易以俟命"的立场，直到50岁时才感到对命运有所了解，并发出了"五十而知天命"的惊喜。孟子也说："莫之为而好之者，天也；莫之致而至者，命也。"而庄子则更加深刻地指出应"知其无可奈何而安之若命，德之至也"。

　　儒家讲究"乐天安命"，"存，吾顺事；没，吾宁也"，致力于与命运和平共处的良心安稳。道家讲究"法天则地"，"循生执有，物而不化"，致力于与命运抗争的气化把握。而佛家则讲究"明心见性"，"通彻因果，二谛圆融"，对命运是熟知后的超越。同时佛教又号称为"造命之学"，因为它破译了命运程序的密码，可以用自身的努力来掌握和改造自己的命运。当然，中国的那些专业命相学，虽非儒释道三家，却与这三家有千丝万缕的联系。从秦汉时的许负、严君平，到唐代的袁天罡、李淳风、李虚中，再到宋明的麻衣、柳庄、万明英，人物真是太多了。

命相学的种类是那样的多，这里就人们较为熟悉，且易为掌握的"面相学"谈谈吧。

人一当进入某一环境，自然开始给人的是某种"第一映象"，算命先生所凭借的，也是这个"第一映象"。"第一映象"主要是面相（也包括了身相与音相）直接给予人们的感受。"第一映象"往往对心灵的感受比较真，因为其中尚没有其他变化和干扰因素的出现，如同照片中的形象一样，不过照片是二维平面的，这个"第一映象"却是三维立体的。几乎任何人都有对他人的形象作出相应的迅速分析、综合、判断的经验和能力，不过因人能力的高低，经验的多寡在判断上显出有种种差别和层次。

俗话说，眼睛是灵魂的窗户，人的内在状态，往往会通过眼睛无隐藏地暴露出来。身体的强弱，精力的盛衰，性格的刚柔，文化的高低，趣味之浓淡，品行之优劣等等，无不可通过对人眼部的观察而得到较为准确的答案。而生活的历程，则可以在面部形象上打上它的烙印，使其可以作相应的未来的推测。有的人数代环境优越，男婚女嫁大多门当户对，营养状况和文化教养也较平常劳苦人家高得多，所以其形象气质当然与劳苦大众不同。一个山乡里来的，可能其服饰、形象都不错，与一个都市里生活的，哪怕是与其中很平庸的人站在一起，其神态气质的差别也会很容易地分辨出来。因为哪怕是一个贫穷的都市居民，他的身上总藏不住都市中所染上的那种文化和物质的气息，而山乡里的人却少有这种气息，给人以"纯"得多的感受。

现在，人们可以通过对树木的年轮分析出一棵古木所经历的旱涝风霜。在中医的望闻问切四诊断中，望诊是居于首位的，相马相犬尚有章可循，何况相人。

从一个人的身体状况就可以判断其营养状况，粗粮和细粮会在人们身上留下鲜明的对比，锦衣玉食的和仅得温饱的差别更是望而可知；满腹诗书的和腰挎算盘的眉眼自不相似，孤苦无依的和安享天伦之乐的当然大不相同。而人体的内分泌、特别是荷尔蒙的多少，则对人的形象和性格起着重大的影响，老成人说话，气从丹田而出，悠悠缓缓，比思维的频率低得多；急躁的人说话，气从咽喉而发，迫不及待，比思维的节奏快得多；健康的人语音平稳而踏实，疾病缠身的人语音低涩而轻促；诚实的人说话肯切，虚伪的人说话飘浮；吉祥之人喜气洋洋，有一种春风在身之意；凶厄的人惨云缭绕，有一种秋风肃杀之感……无须从面相术中深加推析，一般善于观察、善于分析的人都可以从中得到感受和判断，如果人生经历丰富，其观察就会更加细致周到准确了。

俗话说，相随心变，身心是一体的，内在的精神当然不会永远潜藏在肉体之内，自然会在人的表层，特别是面相上留下它存在的印迹。正如我们前面所说的那样，身、心、性三大因素是命运的支撑点，并且都可以同时在面相上得到相应的反映。过去的人生轨迹，就印刻在人的身上，未来的人生，也将从这里展开……所以相学虽然是迷信，不是科学，但它并不神秘，如果把它神秘化，它就是骗术。如果科学地分析批判其内涵，则可发现"面相学"不过是人们过去生活经验的某种总结。

司马迁的《史记》，是我国伟大的历史著作。司马迁的手笔是以公正真实而著名的，在《史记》中，就有大量的有关人相学的记载。如在"鸿门宴"前，范增对项羽说："沛公居山东时，贪于财货，好美姬。今入关，财物无所取，妇女无所幸，此其志不在小。吾令人望其气，皆为龙虎，成五彩，此天子气也，急击勿失。"这是范增对刘邦的观察和判断。刘邦的老丈人吕公，第一次见到刘邦时，不顾家人的反对，毅然把吕雉嫁给他，并对刘邦说："臣少好相人，相人多矣，无如季（刘邦）相。"吕家曾无意中招待过一位年老的相士，结果他们一家，包括刘邦都"贵不可言"。

韩信当上三齐王时，蒯通为他看相，说："相君之面，不过封侯，又危不安，相君之背，贵乃不可言。"后来韩信果然被贬为淮阴侯，最后为吕后所杀。

著名的相士许负为周亚夫看相时说："你以后三年封侯，封侯后八年为将相，持国秉，贵重矣，于人臣没有第二位了。但再过九年会饿死。"周亚夫是刘邦功臣周勃的儿子，当时是河内太守，听了许负的话，不很相信，说："我哥哥已经承袭了父亲的爵位了。我哥哥若去世，自有他儿子承袭，封侯一事怎么能落在我头上呢？另外，像我这样显赫的家族，又怎么可能壮年时就饿死人呢？"许负指着周亚夫的法令纹说："你的这条纹进入了口角，有纹入口，必饿死啊！"许负所言的，以后一一应验，周亚夫的确是因陷入冤狱，气愤绝食而死的。周亚夫是汉初的一代名将，距司马迁的时代很接近，这条记录的真实性姑置之不论。但司马迁并不停留在相学上论断，更深一层地指出了"亚夫之用兵，持威重，执坚刃，穰苴曷有加焉！足己而不学，守节而不逊，终以穷困。悲乎！"——尽管周亚夫用兵如神，威震匈奴，又平吴楚之乱，位极人臣，但满足于家世和个人的成就，不知道进一步的学习，特别是"守节而不逊"，脾气太大，不能伸屈，连皇帝都敢得罪，更受不了狱吏的威逼和诬陷时的愤然，只好绝食一死。这里，司马迁的见解是高于许负的。

再如司马迁论及留侯张良时说："我原以为其人魁梧奇伟，后来看到他的画像，竟然是形象娟好，美若女子。孔子说，'以貌取人，失之子羽'。留侯也是属于不可貌相的人吧！"张良是盖世奇才，帮助刘邦运筹帷幄，是中国历史上少有的"高人"，这一类"高人"，则神在相外了。

佛教对于人相学是持否定态度的，认为那些以此为职业的人是"邪命"，与八正道的正命不相应。佛教讲因果，人的命运是由人的身语意三业活动的因果构成而缘起的，如果相信命运，一切都是命运决定的话，这个人就太可悲了。他不知道，通过自己的努力，多作善方面的因，自然会有善方面的果，如果不遏制人身中种种不善的因素，不调动自身种种善的力量，那么人生将是被动的和痛苦的。所以佛教不承认天命，只承认因果。所以佛教实际上对人生采取了积极向上的态度——不断地改造和完善自己。

诸葛亮是我国历史上有名的智者，在他被刘备请出隆中之前，天下大势，已归曹操，这可以说是大运所在吧，但他难却刘备的盛情，知其不可为而为之，勉力造成了"功盖三分国"的局面，虽仍然未达宏愿，而"鞠躬尽瘁"，但毕竟以自己的卓绝努力与命运抗衡，并取得了相当程度的成功，为历史所称道。诸葛亮的才识从哪儿来的呢？看看他的《诫子书》就可以知道了。

> 夫君子之行，静以修身，俭以养德。非淡泊无以明志，非宁静无以致远。夫学须静也，才须学也；非学无以广才，非志无以成学。淫慢则不能励精，险躁则不能冶性。年与时驰，意兴日去，遂成枯落。多不接世，悲守穷庐，将复何及。

诸葛亮的才能，主要来自于申韩法家之术，但申韩的学问是"险术"，弄不好会玩火自焚，诸葛亮深知其弊，要拿稳这把刀子，必先有一个"静以修身，俭以养德"的过程，身未修而德未养，哪怕是你学究天人，恐怕也难以取得成功。所以，这篇《诫子书》历来为人们所称道，可以与《隆中对》《出师表》相表里。

修身养德，说起来容易，作起来就太难了，没有佛教所提倡的那个"舍"与"精进"的精神，再完美的修身养德程序，人们也是走不进去的。各种嗜好、欲望刺激着我们，各种性格、气质上的弱点牵制着我们，喜怒哀乐交相干扰，能把这一切排除掉吗？必须排除掉。不然，怎么叫修身养德呢？越王勾践卧薪尝胆，就是敢于自新自强，并在这样的修与养中，获得了巨大的力量。明代佛教著名大师憨山德清，著作等身，修行更是当时之泰斗。他有一篇《学要》写得极好，既讲到了修身养德，也讲到了把握各种学问的关键之处，而且手眼极高。

> 尝言，为学有三要：所谓不知《春秋》不能涉世，不精《老》《庄》不能忘世，不参禅不能出世。此三者，经世出世之学备矣。缺一则偏，缺二则隘，三者无一而称人者，则肖之而已。虽然，不可以不知要。要者，宗也。故曰："言有宗，事有君。"言而无宗，则蔓延无统；事而无君，则支离日纷；学而无要，则涣散寡成。是

故学者断不可以不务要矣。

　　然是三者之要在一心，务心之要在参禅，参禅之要在忘世，忘世之要在适时，适时之要在达变，达变之要在见理，见理之要在定志，定志之要在安分，安分之要在寡欲，寡欲之要在自知，自知之要在重生，重生之要在务内，务内之要在颛（专）一，一得而天下之理得矣。

　　称理而涉世，则无不忘也，无不有也。不忘不有，则物无不忘，物无不有。物无不忘，无不有，则无人而不自得矣。故曰："天地与我并生，万物与我为一。"会万物为己者，其唯圣人乎！噫！至矣尽矣！妙极于一心，而无遗事矣。故学者固不可以不知要。

　　憨山大师的这篇短文，把儒释道三教的妙谛都包容在其中了，而且还有修学的次第。其中参禅、忘世、适时、达变、见理、定志、安分、寡欲、自知、重生、务内、颛（专）一如同一个首尾相衔的环，把人生的各个要害之处都归纳在其中了。不说全部做到，若能做好其中一项，都可以给人生带来莫大的转机。且不论参禅忘世，务内颛一，若能做到适时达变，定志安分和寡欲，你都是智者和贤者了，你都有了横渡江海的巨舰了。人们在被动地承受命运之时，在为自己的命相进行揣摸之时，何不将时间和精力投入改造命运，建设自己的这些项目上呢？若能做到这些，命运的主动权必定就操持在我的手上了，岂不快哉！

明心见性与意识的巅峰状态

世人都晓神仙好，唯有功名忘不了。

古今将相在何方？荒冢一堆草没了。

世人都晓神仙好，只有金银忘不了。

终朝只恨聚无多，及到多时眼闭了，

世人都晓神仙好，只有娇妻忘不了。

君生日日说恩爱，君死又随人去了。

世人都晓神仙好，只有儿孙忘不了。

痴心父母古来多，孝顺子孙谁见了。

《红楼梦》的"好了歌"脍炙人口，常常引起人们的深思。是啊，人生一世，到底为了个什么呢？佛教说"万法皆空"。空了，就了了吗？人生到底还有没有积极意义呢？

其实，佛教的空，是冷暖两用的极品空调器，你若迷在暑热般的人生中，它有制冷作用，使你的人生多一种清凉爽快的感受；你若处在冰冷孤苦的环境中，它又有制热作用，使你的人生迸出春风和煦的气象。但若要在人生中得到真正的解脱，则必须有禅宗称之为"明心见性"的这一过程。

人生一世有各种各样的欲望和追求，许多人是不知道最根本处应该是什么。中国历史上有一类人什么也不贪，只有一个追求，这个追求，就是"道"。"好了歌"中不是说"人人都晓神仙好"吗？在一般人的心中，神仙是长生不老的，可以千变万化的，并且有着超世间的种种享受，简直美极了。但大家同时知道，成仙是不容易的，要通过极为艰苦的修炼过程，何况这种修炼的方法，是一般人根本见不到的。近年来国内出了许多有关道教修炼的典籍，小册子有，大部头的也有，但好之者能有几位进入得了呢？现在国内也出了不少"气功大师"，其特异功能也常常在科研机构和大专院校表演，引起了科学界的瞩目。但人们也明白，他们还不是神仙，与人们理想中和历史传闻中的神仙相比，其差距是太大了。

在近几年的各种"热"中，禅宗也是一"热"，据说在海外还更"热"，那么什么是禅宗呢？它与神仙之道又有什么差别呢？怎样才能"明心见性"呢？一般的人又是否能够进入呢？

在成都有一位对禅宗很有功底的老先生，许多人都向他请教有关禅宗的各类问题。有一次他向这些人说："你们提出的问题太多了，我也回答不完，最好你们自己用一段时间好好想一下，最关键、最根本的问题是什么？我再作相应的解答。"结果这些人都没有把这个最关键、最根本的问题找出来，那位老先生当然也没有作出相应的解答。

是的，要在复杂的人生中澄清出这个最根本、最关键的问题是不容易的。许多人沉溺在荣辱得失之中，是没有雅兴去思考这个有关人生宇宙的大事，但是毕竟也有人一直在思考这个有关人生宇宙大事的。在前面的章节中，我们不是一直在谈命运、人的心性结构和佛教的一些有关理论和常识吗？佛教三藏十二部，号称拥有"八万四千法门"，其归宗一点，就是"明心见性"。明心，是明人的烦恼生灭心；见性，是见心佛众生三无差别的"真如不动性"。佛教认为，明心见性，就是见道；没有明心见性，不论你如何精进，都是尚须继续努力的。依憨山大师在《学要》中所提示的程序看，参禅和颥（专）一这个始终两点其实是一点，而中间的环节则包括了戒定慧三学。戒定慧是方法和手段，对改造身心有极大的作用。若戒定慧的功夫做到了极处，就会达到"明心见性"的成效，这时你才得到了彻底的自由和解脱。如果说佛法的修持分为"顿"、"渐"两大类的话，那戒定慧三学就是"渐"，而明心见性则是"顿"。禅宗倾其全力致力于明心见性，也建立了相应的方法和手段。

为什么明心见性在佛教修行的过程中有如此重要的地位呢？这里有必要对"人"进行深一步的剖析。有人之初，也就是人在社会化以前，只是"穴居野处"的自然人，与自然中的其他高等动物没有本质上的区别，尽管自然人的智力（如果可以用这两个字的话）比其他高等动物都高得多。自然的人，是与大自然融为一体的，理性潜在其中，把人从自然带入了社会。而自从人类社会化以来，便在某种意义上与大自然分离了出来，或者说达到了对大自然的某种超越。但理性并不停留于此，它在人类社会中继续得到强化。随着理性不断地完善和独立，使它感到社会这个外壳的束缚和压力，特别是向生命和宇宙进军之时。这个理性，一方面向自然中延伸，一方面在社会中延伸，还有一个方面，即在自身中延伸。总之，这个理性，使人超越了自然，现在又欲超越社会，而达到——回归于整体的宇宙精神之中。这样一种意识状态，可以称之为意识的巅峰状态。这种意识的巅峰状态，对一般人来说，是"不可思议的"。用"好了歌"借喻，一般人的意识，不可能超出"功名、富贵、娇妻、儿孙"的，因为一般人是不能把真正的"生活"置之不理的。沉浸在这种意识之中，则不可能奢谈意识巅峰状态。

什么是人的意识状态呢？用佛教的话来说，就是"二"。任何事物在人的意识中必然会出现"二"的状态，实际上是任何完整的事物都会因为人的意识作用在意识中形成"二"的状态。"二"就是矛盾和对立。不是吗？在人的意识中，善恶、是非、苦乐、智愚、贵贱、吉凶、生死、长短、高下、东西、南北、远近、优劣、明暗等等，乃至无穷无尽。康德提出有名的"二律背反"的原理，认为不可能对真理有所认识，因为通过理性认识所得到的那个"真理"必然会出现截然相反的两个结论，而且都是正确的。但毕竟真理应只有一个，不会形成矛盾对立的两个。于是康德认为人的认识是有局限的，当我们在认识真理之前，首先应该检查一下我们自己的认识能力。

无疑，人的认识能力是无限的，但人的认识又是有限的，特别是人的认识把目光对着自己的时候，就往往寸步难行了。《楞严经》中有这么一句话："见见之时，见非是见。见犹离见，见不可及。"将此翻译成白话，意思无非是：当我们去认识我们的思想时，被认识的不等于是思想本身，恰恰是把思想作为认识的对象而把它分成了两个部分，所以这样的认识是不能达到对思想自身的把握的。大自然产生了生命，生命产生了精神，精神中产生了认识，所以认识只是大自然和生命现象的一个从属、派生的部分，而不是它们的整体。这个部分，要回归过来认识整体，或认为自己所认识的就是这个整体，不是显得可笑吗？正如禅宗公案中常常说到的那样，一个乞儿当然也算是朝廷的子民，但这个乞儿绝不可能知道朝廷里的大事的。

我们知道，一个人自呱呱坠地的那一天起，就被迫地接受各种社会性的规定和熏染，把人的自然性放在社会这个模型中去陶铸。我们说到的人类文明，实际上就是社会文明，尽管这个社会性与自然性是不可分割的。但社会性必然是有限的、受规定的，而自然性的尺寸和范围则远比社会性大得多，认识不断发展，实际上就是社会性与自然性间的一条函数曲线。而这条曲线，必然，而且只能在认识——逻辑这个精神隧道中发展，决不能出离于这条隧道之外——尽管这条隧道是一直向前延伸的。所以，对这条隧道之外的天地，则是认识的盲区，认识当然不能超越自身而达到与多维宇宙——自然的同一。所以，人的认识永远处在这样的状态之中，一是已知、一是未知。用爱因斯坦的话说，已知的半径越大，而所感触的未知空间也越大，已知的半径越小，而所感触的未知空间就越小。

佛教是"不二法门"，就是要达到对"二"的超越。道家尚且说"弃圣绝知"。对已知和未知一概扫除，使之达到一种既混沌又明历的超意识状态，何况佛教的这个"不二"了。佛教的这个"不二法门"，没有道家"弃圣绝知"的混沌感，因为"不二法门"所显现的是超意识状态的"智慧"，是"明心见性"时所得到的一种智慧，这就会使困顿在思维泥潭中的人的认识感到鼓舞了。

佛教中层次最高的当然是佛智慧，这种佛智慧是从四个方面显现的，就是佛教中常常宣讲的平等性智、妙观察智、成所作智和大圆镜智。平等性智就是"不二智"，也叫"根本智"、"一切智"。这种智慧，打破了人们极难排除的那个"我"的无形力量，正是这个"我"的作用，使人把精神和物质分割开来，把主观和客观对立开来，又欲在这种分离中统一和主宰"我"之外的整个世界。放鬼和收鬼的都是这个"我"，但这个"我"在无常面前却显得软弱无力，它既是人类文明发展的火车头，又是一切恶罪的渊薮。平等性智打破了这个"我"，使精神和物质，主观和客观重新回到了更高的和谐之中。

妙观察智是人类理性的完满和升华，当人的理性一旦摆脱了欲性的那个"我"的束缚后，便以一种全新的、不受规定和约束的目光重新审视这个世界。这个妙观察智，就是没有污染的智慧，世界的真实才会无隐藏地、彻底地显示在它的面前。成所作智是人们无法实现的那种超然完美的实践力量，这里打破了"知行"分离的种种壁垒和障碍而成就一切。大圆镜智在这四智中地位最高，又叫"如来真智"。人的理智及其实践，都必须在时间和空间中展开，因而是流动的、线向的。而大圆镜智则超然于时间和空间之外，或者说把全部时间和空间，乃至其中的一切内容和现象，都凝聚在一个点——"大圆镜"上，任何事物无不在其中现实和直接地得到展现。这四种智慧，可以说是认识的巅峰状态。

禅宗的"明心见性"就是向这个巅峰的腾跃——不是攀登，攀登是一步一步地，慢了，是"渐"的方法；而腾跃则希望一蹴而成，是"顿"的方法。禅宗牢牢地把握着这个方法，从而使人的意识升华有了可行的依据。

明心见性后，这个心就不是昏暗的而是明亮的了，所以禅宗称之为"心灯"，禅宗的传法又叫"传灯"。在有关心理分析的那一节中，我们曾谈到了明了意识与无意识间的那种关系，也谈到了放大镜的那个"焦点"。在人们意识中，"现在"的直接感受、直接的思维就是照了无意识这个暗屋的光束，这个光束所照了之处，就是明了意识。禅宗特别注重这一束意识之光，把它称之为"历历孤明"、"当下一念"。禅宗的功用，就是要把这一束意识之光，变成照耀整个昏暗心地的明灯，变成日月而大放光明。只有在这个意义上，才能称之为明心见性，称之为心灯，这才能与前面所谈到的四种智慧相应。

这是一个艰巨的过程，是一种极为复杂的意识和心理的转向，禅宗称之为"转身"。沩山禅师说"思量个不思量的"，"以思无思之妙，反思灵焰之无穷"都点明了这个"转身"的诀窍。如果喜爱禅宗的朋友真的把自己的心思用在这一点上，顽强精进地苦参下去，那我们意识中的这束微弱可怜的光，是可以变成明灯的，那时，就可以领略到意识巅峰状态的无穷风光了。

打开灵魂之眼，使向上望

熟悉禅宗或粗知禅宗的，都知道"不立文字，教外别传，直指人心，顿悟成佛"这十六字诀。但要正确领会这十六字诀，却相当的困难。仅就"不立文字"而言，一般人怎么入得了门呢？因为思想仍然是"文字"，只不过是没有图形的文字。把思维活动及其内容都一概扫除了，好比一个瞎子，哪里分得清东南西北呢？而"不立文字"稍加引申就是禅宗内常说的那个"言语道断，心行处灭"，这是昏沉沉、黑暗暗的精神"黑洞"吗？谁也说不清楚。但"明心见性"既是意识的巅峰状态，谁又不想品尝其中的滋味，谁又不想在其中得到人世间所得不到的效益呢？

禅宗之禅，可以从历史学、哲学、宗教学、心理学、语言学、文学等各个不同的角度去研究。但禅宗之禅到底是怎么回事，最好的答案还应由禅宗自己来回答。因为禅宗之禅，不是有具体内容的一门学问，而是对生命、精神乃至整个宇宙存在的一种直接的体验。用禅师们的话说，就是"知道这个便休"——你明白就是了，到此为止了，多走半步就成了谬误。下面我们来看《坛经》中的一段对话。

印宗延至上席，微诘奥义，见慧能言简理当，不由文字。宗云："行者定非常人，久闻黄梅衣法南来，莫是行者否？"慧能曰："不敢。"宗于是作礼，告请传来衣钵，出示大众。宗复问曰："黄梅咐嘱，如何指授？"慧能曰："指授即无，惟论见性，不论禅定

解脱。"宗曰："何不论禅定解脱？"慧能曰："为是二法，不是佛
法，佛法是不二之法。"宗又问："如何是佛法不二之法？"慧能
曰："法师讲《涅槃经》，明佛性是佛法不二之法，如高贵德王菩
萨白佛言：犯四重禁，作五逆罪，及一阐提等，当断善根佛性否？
佛言，善根有二，一者常，一者无常，佛性非常非无常，是故不
断，名为不二；一者善，一者不善，佛性非善非不善，是名不二；
蕴之与界，凡夫见二，智者了达，其性无二，无二之性，即是佛
性。"印宗闻说，欢喜合掌，言："某甲讲经，犹如瓦砾，仁者论
义，犹如真金。"

这是六祖慧能大师在五祖处得法，隐居十五年后，对广州法性寺印
宗法师所讲的一席话，也是六祖慧能第一次公开宣扬禅宗，这里最重要
的一句是："指授即无，惟论见性，不论禅定解脱。"因为，这关系到
六祖在五祖处得法的要津之处。

在这里，五祖没有传给六祖什么东西，六祖也没有在五祖那里得到
什么东西。"惟论见性"——一起谈了有关"见性"的话，而且"不论
禅定解脱"——连禅定解脱这些至关紧要的修行大法都没有提到。可
见，禅宗里传来传去的就是这个"见性"，也就是"明心见性"中的这
个"见性"。见什么性呢？当然是见佛性，一见到佛性，就到了"彼
岸"，当然就无须用禅定解脱这些航渡的工具了。佛性又是什么呢？就
是"不二之法"，你若领悟了这个"不二之法"，你就"明心见性"了。

"不二"虽是佛教中地位最高的境界，但却容易使人们仍然陷在习
惯性的思辨中而无从达到。所以六祖后来并不多用，而是常对他的弟子
们说："我这里传授的禅，不是要你们去研究，去分析那些心理的、思
维的内容；也不是要你们去排除这些心理的、思维的内容；更不是让你
们如木头、石头那样死气沉沉什么都不想。"（此门坐禅，元不看心，
亦不看净，亦不是不动。）六祖又说："应该在自己的一切思维活动中，
见到自己本来就清净的那种本性，自己去修，去行，自己去成佛。"
（于念念中，自见本性清净，自修、自行、自成佛道）。

六祖的话，或许不好懂，不过比起后来禅师们常用的"棒喝"、

"机锋"、"转语"好懂多了。如果我们仔细阅读全部《坛经》，就可以发现《坛经》中有一个总纲。这个总纲，就是六祖在五祖那里大彻大悟时说过的这几句话：

> 何期自性，本自清净！
> 何期自性，本不生灭！
> 何期自性，本自具足！
> 何期自性，本无动摇！
> 何期自性，能生万法！

　　这里，把佛教修行的种种因和最终的果全部凝练到了"自性"，也就是"佛性"这一个点上。人人都可以直接面对着这个"点"下手，这就是禅和禅宗的特点和方法。禅宗称自己的方法是"向上一着"，这的确是"打开灵魂之眼，使向上望"的绝妙方法。在上一节中曾提到要人们去思考什么是最根本、最关键的问题，禅宗认为，"见性"就是最根本、最关键的问题。所以在禅宗史上，许多僧人是把这个问题贴在鼻尖上，朝思暮思，孜孜求解。打开《五灯会元》，这一类问话常常进入我们的头脑：

> 如何是祖师西来意？
> 如何是佛法大意？
> 如何是本分事？
> 如何是本来面目？
> 如何是正法眼？
> 如何是关棙子？
> 如何是和尚家风？
> 如何是一路涅槃门？
> ……

　　这一类问话，可以举成百上千，其实就是一个问题，就是贴在鼻子尖上不得其解的最根本的那个问题。

　　中国哲人对于人的道德事业一贯强调先要"立其大"，"大"包括了整体性、历史性、伦理性、实践性等多方面根本问题，并且在这一系列问题中都应该"高明"一些才行。"明心见性"就达到了这个标准，它使修行佛法的人少走了许多弯路，节省了许多精力。用兵法上的话说，叫"伤其十指，不如断其一指"，"集中兵力打歼灭战"，用一位老禅师的话说：

　　　　禅宗的思想中心，以般若为主，并撷取《楞伽》、《华严》、《法华》、《涅槃》、《净名》诸大乘经精义，以为旁通一线。这些经典里，有时叙述因缘，有时议论，着着与禅有关，而禅宗的提倡也不能离经，在经教里须有所依据。同时又说明禅宗的特点在经教里亦居上着。所以禅师们有时运用经教，信手摘来只言片段，顿使它通体灵活。如"拈毫点睛"，便能"破壁飞去"。并不是按着经说禅，只是借来一用，显自家杀活手段。

　　"信手摘来只言片段，顿使它通体灵活"，乃至"破壁飞去"，若有一番"向上"的破釜沉舟的毅力和勇气，这种境界自然是能够达到的。
　　我们试着从另一个角度来看看人，看看人的认识吧。人是理智化、社会化的人，之所以是理智化、社会化的，就是因为人能区分主观和客观，自觉地把自己和外界区分开来，"我"是主体，"我"之外的存在是客体。自然和社会都是"我"所观察、认识和改造的对象，是客体。如果对"我"这个主体作进一步的分析，这个主体又是处于一种什么样的状态呢？我是医生，我病了，那么这个物质的身体，就成了"我"所观察、治疗的对象。这个完整的"我"，就变成了物质的和精神的两个部分，精神的是主体，而物质的当然成了客体。再进一步，"我"是心理学家、精神学家、逻辑学家，"我"把"我"的心理、精神和思维的内容、过程乃至思维活动本身作为研究对象之时，那么这些历来处于主体地位的，长久被奉为绝对精神的地位便动摇了，被移到了客体的地位。因为在这些精神现象的深处，还隐藏着一个主体——主体中的主体，"我"中之"我"，在禅宗里这个被称之为"主中主"。禅宗的方法

和下手处，就是要把这个隐藏极深的、"我"之所以为"我"的这个
"主中主"找出来。这个深藏不露的"我"，也可能是贼，也可能是佛，
也可能极为平常，但是谁又认识它呢？有位老禅师有个偈子说：

> 猿啼半夜月，花开满园春。
> 浩浩红尘里，头头是故人。
> ——噫！自己就是流浪汉，
> 还识得自己就是故人么！

人真的有时可悲得很，花了那么多的精力去研究世界，研究和制造
原子弹，研究种种生命现象，结果对于这个"我"，特别是这个"我"
中之"我"却一无所知，实在令人遗憾。老子说："知人者智，自知者
明"，一般的自知，都仅仅浮在表面上，何况这个"我"中之"我"
了。这就是禅宗反复强调的，要自己亲见的那个"本来面目"。父母给
予我们的是一个"面目"，道德人品也可以给人一个"面目"，但这都
不是那个"本来面目"。那么，这个"本来面目"到底是何等尊容呢？
前面提到的意识的巅峰状态所表现的那四种"智"，就是这个"本来面
目"。这个"主中主"的功能，还不是它自身"明心见性"，就是要见
它，而且只有通过"明心见性"你也才能见到它。

禅宗之禅并不等同于六度波罗蜜中的禅那波罗蜜，也不等同于戒定
慧三学之合。一般禅学之禅，就是我们在前面所讲到的"思维修"、
"静虑"和"定"，即包括了修定和修慧两个方面的内容。但这两个内
容，都只能给人相应的量的增减——增加智慧，减轻烦恼；增加定力，
减轻散乱的作用，而不能使人有直接的、质上的转变。禅宗之禅则是直
指"涅槃妙心"、"佛性"，使人直达本源。所以禅宗自称为"最上乘
禅"，而其他的禅法只属于凡夫禅、外道禅、小乘禅或大乘禅，而有种
种层次的不同。

此前我们谈到了处于意识巅峰状态的那个"我"中之"我"，或
"主中主"，那仅仅从字面上透露出的信息，就足以使历代的高僧们神
往了。在中国佛教史中，极多的高僧们，就是以毕生的精力来追求它，

有的立竿见影，言下顿悟；有的艰苦卓绝，数十年方明此事。下面我们介绍一些有关的故事。

宋元年间，有个杰出的禅师叫高峰原妙，他是雪岩祖钦禅师的弟子。他最初在雪岩禅师那里参学时，常常面对这样难堪的情形：每当他向老师提问，话还没有说完，就被老师打了出来，并把门关了，不再理会他。就这样，不知被打过多少次。有一次参问时，雪岩禅师问他："你这死尸一般的身体，是谁把它带到这儿来的呢？"话语刚落，又操起棒子劈头打来，这样的场面，也连续出现过多次。

有一次，高峰在梦中忽然想起某位禅师的一句话"万法归一，一归何处？"——万事万物都有同一个根源，这个根源到底又是什么力量产生的呢？这样就激发了他寻找答案的积极性。三天三夜他的眼都没有眨一下，自然觉也睡不着，一直在思考这个问题。一天庙里给一位圆寂了的高僧做法事，他也参与了，忽然抬头看见一位祖师的画像上有这么两句话：

> 百年三万六千朝，
> 反复原来是这汉。

这两句话，如同寺庙里初响的晨钟，打醒了他心中的"死尸一般的身体，是谁把他带到这儿来"这个谜。他感到从未有过的欢欣和明快，就到雪岩禅师那里去汇报。雪岩禅师于是考问他："青天白日之中，面对着各种各样的人和事，你自己对自己作得了主吗？"高峰毫不犹豫地说："我作得了主。"雪岩禅师又问："晚上做梦时，面对梦中各种荒诞诡怪的现象，你自己对自己作得了主吗？"高峰斩钉截铁地说："我作得了主。"雪岩禅师沉吟了一会儿，忽然又问："晚上你睡得很深沉，不仅没有梦，连半点思想活动都没有出现时，这个主人公又在什么地方呢？"这一下，高峰回答不出来了。雪岩禅师于是说："你还没有到家，从今天以后，我也不要你学佛法，也不要你穷古穷今地研究学问，只要你饿了就吃，困了就睡。一觉醒来之时，必须抖擞精神，好好去参我这个主人公究竟在什么地方安身立命？"在老师的激励下，高峰发誓说：

"拼着这一辈子当个痴呆汉，也要把这个问题弄个水落石出。"就这样参了五年。一天晚上，僧众们因白天的劳作都累了，大家睡得很沉。一个僧人一翻身，把一个木枕头推到了地上，"梆"的一声把沉睡中的高峰惊醒了——顿时他大彻大悟了。

这个故事的主题很明白，就是高峰不断寻找自己的那个"主中主"的过程。这个过程历时数年，并且一波三折。高峰就是把这个问题贴在鼻尖上，朝也在参，暮也在参，几年来愈加精进，毫不松懈，终于把谜底揭开了。

我们面对环境，是环境牵着我们转呢？还是我们牵着环境转呢？也就是说，面对着这个世界，"我"到底是主人还是奴隶。对这个问题，即使不提到禅宗的高度来看，它在人们的现实生活中也有极为重要的地位。陶渊明不为五斗米折腰，而追求自我人格的独立和自由。孟子讲"杀身成仁"，讲"富贵不能淫、贫贱不能移、威武不能屈"，当然是对自我信念的牢固把握，而不在乎其他。在现代的今天，各人面对各人的环境，若有一番明明历历、自在自主的感受，则无疑是生活的强者，而不是生活的奴仆。

这种对自我的陶冶，不同于对知识的获得。知识的获得，只是而且永远是部分的，用禅宗的话来说："穷诸玄辩，若一毫置于太虚；竭世枢机，似一滴投于巨壑"——就算穷尽了一切最高明、最严密、最系统的知识，也如同一根毫毛放在宇宙中，是那样的有限和渺小；就算用尽了全部人类的聪明和才智，也不过如同把一滴水投入了那巨大的山谷中，是那样的可怜和无益。而这个"主中主"的获得，则是全面的和整体性的。而且人们只有通过它，才能承受和创造人生宇宙中的一切。

高峰的过程是艰巨和漫长的，但也有一些禅师们却"得来全不费工夫。"你看：

唐代的大珠慧海禅师最初向马祖请教，马祖问他："你从哪儿来？"他说："我从越州大云寺来礼拜老和尚。"马祖问："你到我这儿来准备干什么呢？"他说："我到您这儿来，自然是为了得到佛法的真理。"马祖说："我这儿什么东西都没有，哪有什么佛法、什么真理可以传授给你的呢？你自己身上就带有一个无穷无尽的宝藏不知道，却在外面东乞西讨惹人笑话。"大珠很惊讶，问："我的那个宝藏？我怎么不知道呢？它又在什么地方呢？"马祖说："就是现在向我提问的'那个'，就是你自己无尽的宝藏，里面一切都有，什么也不少，并且可以任你自己取用。你又何必在外面去找呢？"大珠听到这里，就大彻大悟了。

只一席话，便使大珠禅师通体灵活，乃至"破壁飞去"。要知道，佛教——禅宗不是哲学，也不是知识，而是对生命和精神的修养乃至把握。佛经中有一则著名寓言叫"数他人珍宝"，如同银行中的出纳员，每天都有数以万计的钞票过手，但是哪一分、哪一厘是自己的呢？知识固然重要，但当它不属于自己时又受之何益呢？何况，整体知识的源泉又在什么地方呢？明白了这个道理，可以破除人生中的许多迷惑，可以摆脱许多束缚，而使人独立自主地面对自我、面对人生，也才真正体现了自己存在的价值。

无可置疑，禅的追求说难也难，说易也易，有时看上去难，得到时反而容易；有时看上去易，求寻时反而艰难。下面再看一则故事：

北宋黄龙悟新禅师青年时游方到了隆兴府黄龙寺，拜见了黄龙寺的晦堂祖心禅师。他虽然在晦堂禅师那里参学了多年，却免不了学问僧的习气和派头——他可是大知识分子，老爱在口头上与人辩论，而对禅的真实境界，却没有半点触及，晦堂禅师一直为他担心。有一次，悟新与晦堂禅师论道，正说得眉飞色舞的时候，晦堂禅师说："算了，你不要再说了，要填饱肚子，并不是嘴上夸几桌席就行的。"悟新很窘愧，对晦堂说："我理解的只有这个程度——弓折箭尽了，还望老和尚慈悲，给我指出那个安乐处——真正的禅境吧！"晦堂禅师说："精神中哪怕只有一点点不纯净的地方，就如眼睛里有一粒灰尘或芥子一样，使你上不见天，下不见地。而禅的境界——要得出这个'主中主'，正是忌讳你胸中那些太多的知识，这样反而只见知识而见不到禅了。所以必须让你一直在思维的那个心，连它的内容一并死去，让它好好空一空，这样才可能见禅。"悟新告辞回山。有一天，他听到庙里的和尚打架时，忽然天空一声霹雳，吓了他一大跳，这样，他终于开悟了。

这个故事，再一次把那种死板的知识和那个"主中主"划清了界线。若要探索禅、探索和寻回那个被遗忘的自我，那种知识是无能为力的，因为那种知识是有规定的、有限的和有色的，弄得不好反而成了探索自我的障碍，并有鱼目混珠之嫌。所以禅宗在这个问题上是毫不让步的，要学知识，你尽可以去学，而且多多益善，要明白"这个"么，则必须丢掉一切知识包袱，轻装上阵。不然，怎么会产生"言语道断，心行处灭"这么一种精神效应呢？不然，"不立文字，直指人心"的口号不是白提了么！

"不思善，不思恶，正恁么时，阿哪个是你的本来面目？"这个问题是六祖大师最先提出来的。善恶是"二"，一切知识无不浸透了这个"二"，离开了"二"也就没有知识了。要见自己的"本来面目"，则必须排除这个"二"的干扰。同时这个"二"一旦被排除，"不二"的那个境像自然也就显现出来了，这个"本来面目"也就显现出来了。这是对自我生命、精神完整和全面的把握，而且是最真实的感受。若有知识参与进来，你所感受到的，除了知识还是知识，是思维的那些内容，而不是清澈透明的生命和精神的本身了。

我们在前面曾经提到，知识是思维的产物，思维是精神的产物，精神是生命的产物，生命则是大自然的产物。知识，乃至一切思维的内容，决不等于精神——生命——大自然这个整体，而只能立其中的部分表象而已。这个公式，不仅适用于世间的知识，而且适用于神圣的佛法。释迦牟尼佛同样担心他的教义被当作僵化的教条，常常告诫弟子们说：

佛所说法，即非佛法，是名佛法。

又说：

法本法无法，无法法亦法。
今付无法时，法法何成法。

要在这上面"活"起来谈何容易。对一般人来说，离开思维和思维内容的人生是不可想象的，而佛法恰恰就说自己是"不可思议"的，可思议的，就不是佛法了——已经下降为知识。

　　佛法同样有它的源头。唐末有个很著名的禅师叫投子大同，有一个和尚问他："在全部佛法的经、律、论三大部的教藏里，还有没有一些更为特殊，更为稀奇的事呢？"投子禅师说："有啊！就是那个能把这经、律、论三大部藏产生出来的那个东西嘛！"的确，经律论三藏是佛教的全部精神宝藏，是释迦牟尼佛及以后数以万计的高僧对人类文明的一个重大的贡献。但禅宗认为，佛与众生心是没有差别的，佛也是人所成就的，我们的这个心就是佛心。三藏大教是人的精神的产物。所以，我们这个心，的确比三藏大教更为特殊和稀有，因为这是人类的一切文明产生的源头啊！因此，对禅的追求，你可以"上穷碧落下黄泉"，但得到的却是"两处茫茫皆不见"。要见，则必须丢掉一切，面对自己才行。

直指人心

——寻找精神的原点

　　建设有中国特色的社会主义和有中国特色的市场经济，无疑是总结多年的经验教训之后，对我国的"现代化"所指出的光明道路。

　　东西方许多学者都指出过，"现代化"的内容，不仅仅是指工业化、都市化、教育普及化、科学普及化以及快速的通讯和交通运输等经济和文化的结构。这些西方的"现代化"的外在模式，曾被生硬地移植在一些发展中国家，结果使不少国家陷于分裂、战乱和经济的崩溃，也引起了许多发展中国家的警惕。所以一些学者透过"现代化"的外在结构，寻找其内在因素，最根本的必须立足于整个民族的精神现象和心理状态的健康和优化上，这样才具有普遍性，才有坚实可靠的基点。

　　民族的总体精神和心理状态是实现"现代化"最根本和最可靠的依据。所以，民族的精神和心理的协调至关重要。而我们知道这一切，又必须落实在具体的个人身上。全社会的现代化必须立足于社会中个人的现代化，个人的现代化则必须立足于个人的精神和心理状态的现代化，也就是每一个个人都应具有现代的意识及其行为。

　　据说"现代化"的人在意识和行为上应有如下十二大特征：

　　一、准备和乐意接受他未经历过的新的生活经验、新的思想观念、新的行为方式。

　　二、准备接受社会的改造和变化。

　　三、思路开阔，头脑开放，尊重并愿意考虑各方面的不同看法和意见。

　　四、注意现在与未来，守时惜时。

　　五、强烈的个人效能感，对人和社会的能力充满信心，办事讲求效率。

　　六、有周到细密和可行的计划。

　　七、有广泛的知识。

　　八、对他人而言有信任感和可依赖性。

　　九、重视专门技术，有愿意根据技术水平高低来领取不同报酬的心理基础。

　　十、乐于让自己和后代选择离开传统所尊敬的职业（对教育的内容和传统的智慧敢于挑战）。

　　十一、相互了解、尊重和自尊。

　　十二、了解生产及过程，了解市场结构和市场规律。

　　这些"现代化"的特征，实质上就是一个人的素质和教养。

　　素质和教养是一种有内容、有规定性的精神和心理状态，仍然是精神和心理的一种外在形态。对此，中国古代哲人是有深刻的剖析的。《五经》之一的《尚书》，是记载虞夏商周四代"先王"教法的，在中国古代具有宪法性的权威，《尚书·洪范》中有这么一则论述：

　　　　次二曰敬用五事……一曰貌，二曰言，三曰视，四曰听，五曰思。貌曰恭，言曰从，视曰明，听曰聪，思曰睿。恭作肃，从作乂，明作哲，聪作谋，睿作圣。

　　在这里，先哲们对人的面部表情和动作举止、语言形式和方法、眼耳的功能和妙用，思维的趣向和准则都作了精深的概述。宋代周敦颐在其著名的《读易通书》中，专就"思"这个范畴又作了深入的发挥：

　　　　《洪范》曰："思作睿，睿作圣。"无思，本也；思通，用也。机动于彼，诚动于此，无思而无不通为圣人。不思则不能通微，不睿则不能无不通，是则无不通生于通微，通微生于思。故思者，圣功之本，而吉凶之机也。易曰："君子见机而作，不俟终日。"又曰："知机其神乎?"

从这里可以看到，如果用《洪范》中的要求来规范人们的貌、言、视、听、思，其教养和素质将达到什么样的火候，这是"圣人之学"，不是一般的所谓精神意识和行为的"现代化"所能包容的，而恰恰能含容那各种各样的"现代化"，因为其中的内容太博大了。说到"大"字，古人们也有相应的教法："自古量大则福大，福大则为大人；量小则福小，福小则为小人"。这些精神和心理的原则，也是教养和素质优越的表象，是难以通过知识的获得而得以成就的。但这一切，在佛教看来，仍然是精神和心理的外在形态，还远没有登上"妙高峰"的峰顶。

佛教认为，这一切不外全是"念头"的功用罢了。"念头"是佛教的专门术语，用以概括一切善恶、凡圣、深浅、高下、优劣、动静等一切心理及精神的内容。我们说，任何人当他面对具体事物时（包括精神内容)，他的精神、心理、思维必然会形成一种"状态"，这个"状态"将决定他判断的取舍和行为的走向及其得失。这个"状态"可能是理智的和经验的，也可能是情感的、非理智和非经验的，而这个"状态"就是整个精神和心理的原点和基础，又与潜在的、现在的各种气质、性格息息相关。高明的人，往往"临事而惧"——首先对自己的精神和心理进行一番过滤和洗涤，使之保持清澈，但只能是相对地清澈。因为要使自己的精神、心理进入本元的清澈状态，要达到反本归朴的境地非"明心见性"不可，没有持之以恒的佛教修为，这可是难以逾越的鸿沟。

人生，就是这个"状态"在其关系中运行的轨迹，这个"状态"及其所联系的一切，就构成了人生中的荣辱得失和喜怒哀乐。人们以这个"状态"来面对环境，而环境又对这个"状态"进行染污，使人们反而失去了这个清纯本元的"状态。"

西方许多哲人早在20世纪初就看到了人类理智的弊端，如生命哲学大师柏格森在其著作中，如同中国的庄子那样，一方面艰难地探索生命和精神的原点，另一方面又对理智作了无情的嘲弄，请看几则柏格森的妙语：

> 使心灵自己形成理智，即形成明晰的概念的同一种运动，也使物质自身分裂为彼此互相排斥的诸多物体。意识越是理智化，物质就越是空间化。

> 用同样的推理也会证明获得任何新习惯是不可能的。推理的实质就是把我们关闭在已知的事物的圈子里面。

> 我们的思想也是如此，当它已经决定纵身一跃的时候。但它必须跳跃，这就是，离开它自己的环境。理性，单凭它的能力来从事推理，就绝不能扩大这种能力，虽然这种扩大一旦成为现实，就绝不会显出是不合理的……因此，你对理智的机械作用可以任意作明智的思辨，你绝不会通过这种方法而得出超出它之外的结果。你可以得到某种更为复杂的东西，但不能得到某种更高的东西。你必须对事物进行袭取，你必须用意志的行为把理智抛出它自身之外。（见柏格森《创化论》）

在柏格森的著作中，西方那些被引以为自豪的"理性"是受到怀疑的非难的，在这三则短小的引文中可以看到这层意义，同时还可以看到柏格森力图摆脱理智的束缚而达到精神的回归，甚至求助于"顿悟"——纵身上跃了。在 20 世纪内的西方思想大师中，柏格森同克罗齐、桑塔亚纳、怀特海、胡塞尔、萨特等，无不对西方的理性主义和物质文明提出质疑和非难，他们对于"现代化"非但不热心，甚至还有畏惧感。正是因有他们这样的思想先驱，才有今天越来越强大的保护生态的运动和呼声，才使人类得以作出深刻的反省——尽管这一切仅仅才起步。

佛教是一种理念，同时更是一种实践，它要求一切信仰它的人或不信仰它的人都应该对心灵和人生作彻底地净化，这种净化又是一种力量，可以使人们得到真正的智慧来重新面对人生和改造人生。这种净化，必须落实在心灵上，落实在精神、心理和认识的本元"状态"上。要达到这样的净化，佛教根据人类社会的根本现实，提出了四谛、十二因缘、八正道、戒定慧、六度波罗蜜等种种教法和理论，并在数十代杰出大师的修行实践中，总结出种种的方法。在中国佛教中，最简明直接、功效卓绝的当首推禅宗。

佛教在世间的存在和发展，也会如同世间的其他学说一样，形成一些教条，产生某些僵化的东西。在佛教内部，也从来存在着清澈的精神与这些教条和僵化的矛盾斗争，并继续发展的现象。禅宗可贵之处，就在于它的方法，如同一种既恒定、又可变的净化器，不仅可以净化人们的心灵，而且还可以破除那些教条和僵化使佛教永葆其青春与活力。要知道，道在得人，不论佛教的理论是怎样的尽善尽美，对于一般人来讲，哪怕对佛教徒来讲，仍然只是一种外在的知识而已；不论佛教对人生宇宙的道理讲得如何精妙、圆满，对人们来说只能成为其思维中的一些内容而已。所以佛教提出了教、理、行、果这一大体系，而重点在于"行"——修行，没有把修行作为改造自我的契机，理论就只有影子的作用。只有在修行的实践中，佛教的理论才显示了它夺目的光辉。

禅宗的方法，归根到底只有一条，这就是直指人心。理论毕竟只是理论，佛法毕竟只是佛法，如何使自己不落入知识和教条的死谷，而进入精神的本元"状态"，这是禅宗所致力的。禅宗认为，那些在佛教"三藏十二部"中浸润过的人，实在没有必要再给他们知识了，他们已经在佛教知识的海洋中迷不知归了，所以应该以"直指人心"的方式予以导航。对那些畏难于佛教义海的人来说，也没有必要给他们太多的知识，知识往往是一个迷宫，所以还是应该以"直指人心"的方式让其直接回归。禅宗直指人心的方法，常见的有机锋、棒喝和参话头三大类，每一类中又有许多变化，因人而异，我们这里向大家介绍机锋中"唤人回头"一法。要知道，我们前面所谈到的"状态"，"主中主"、"本来面目"，就是这样被"唤"出来的。

唐代石头希迁大师是极其有名的禅宗高僧。一次有个和尚来拜访他，说："若能对我一言相投合，我就拜您为师，并留在这儿学习。若一言之中不能投合，您就没有资格当我的老师，我就另参高明。"石头大师坐在禅床上，一言不发，也不理会他。这位和尚于是掉头便走了出去，这时石头大师突然大声唤了他一声。这位和尚刚回过头来，石头大师说："从生到死，只是'这个'，你回头转脑、胡思乱想有什么用呢？"就这么一句话，这位和尚就开悟了。

这种方法出其不意，往往有把那些陷在知识中，陷在复杂思维活动中的人"吼醒"的功效。那个"主中主"，那个"真我"，可不是一般人品得出味来的，人们陷在复杂的关系中，往往不能明白"我"到底是谁？父母给我一个名字叫张三，张三就是"我"吗？在父母面前，"我"是儿子，在儿女面前，"我"是"老子"；在单位上"我"是职工，下班后"我"是老板。从前"我"是小学生，现在"我"是先生。这个肉体是"我"吗，这个思想是"我"吗？……这千变万化之中，哪一个是"真我"呢？石头和尚的方法可以说是"直指人心"——从生到死，只是"这个"，使人不知不觉进入那种"状态"，在千我万我之中把那个"真我"，给唤出来了。这种方法常为第一流的禅师们使用，如：

> （百丈禅师）有时说法竟，大众下堂，乃召之。大众回首，师曰："是什么？"

> （慧忠国师）一日唤侍者，者应诺，如是三召三应。师曰："将谓吾辜负汝，却是汝辜负吾。"

> （黄檗禅师）曾散众在洪州开元寺，裴相公一日入寺，见壁画，乃问寺主："这画是什么？"寺主云："画高僧。"相公云："形影在这里，高僧在什么处？"寺主无对。相公云："此间莫有禅僧否？"寺主云，有一人。相公遂请相见，乃举前话问师。师召云："裴休！"休应诺。师云："在什么处？"相公于是言下有省。

> （沩山禅师）问："大地众生，业识茫茫，无本可据，予作么生知他有之与无？"师（仰山禅师）曰："慧寂有验处。"时有一僧从前面过，师召曰："阇黎！"僧回首，师曰："这个便是业识茫茫，无本可据。"

在这里，禅师们突然的一唤，如同激发的利箭一样，穿透了包裹在人们意识中的层层甲壳，直中人们精神的"本元状态"，用不着和你层层说理，所以叫做"直指人心"。只有在这样的"状态"中，你才能"明心见性"，才能达到那个意识的巅峰状态，使你把各种思维的内容全部排尽，（或尚未产生），这时，你就会见到了那个精神的、心理的、思维的乃至生命的"本来面目"，和这个"主中主"，也就是没有一切外在规定性束缚的那个真我。用佛教的话来说，这就是那个"不净不秽"的，什么也不是的，但又清清楚楚、明明白白纯意识状态。在这里，人生宇宙，过去未来，善恶是非，成败毁誉全部消融在这一"状态"之中。

唐代中邑洪恩禅师是马祖的弟子，仰山禅师的师叔祖，又是仰山禅师的戒师父。仰山曾问他："怎样可以见到自己的佛性呢？"洪恩禅师说："我有一个譬喻，一个屋子有六个窗户，里面住着一只猴子。外面的猴子从东边唤它，它在里面答应，这时六个窗户都会有这个猴子的答应声。"仰山追问说："要是里面的猴子睡着了，外面的猴子又要与它相见，那怎么办呢？"洪恩禅师从禅床上跳下来，拉着仰山的手说："这猴子现在和你不是相见了吗！又如一只蟭螟虫，在蚊子的眼睫毛上作窠，大白天飞到繁华的十字街头，它的感觉是什么呢？它一定会感到：地旷人稀，相逢者少。"——人们能从中领会到精神的原点及其功能吗？没有在自己的精神、心理深处作过一番摸索和体察的人，是绝难在色彩斑斓的精神内容中澄清出精神的本元"状态"的。

夹山善会禅师因船子德诚禅师而开悟的公案是禅宗内的千古绝唱。船子禅师曾对夹山说："汝以后直须藏身处没踪迹，没踪迹处莫藏身。"踪迹指思维的内容，要使我们的精神达到没有任何外在内容的境界，再进一步把这个境界也一并扬弃——这就是精神的原点，也是成佛的诀窍，但却同老子所说的"恍兮忽兮，其中有象，忽兮恍兮，其中有物"那样难以令人捉摸。不过，在禅宗内的过来人中，这种境界是肯定的、确定的、不容怀疑的。如赵州从谂禅师所说的："有佛前急走过，无佛前不停留"，这与船子禅师所说的意境完全一致，更有护持精神原点纯洁性的一层功夫在其中。从这里走出来的人物，还会为世间利欲所动吗？还会自得于那种傲视一切的理性之中吗？当然不会。只有从这种精神和心理的"状态"出发，对人类的文明再加以梳理、再加反省，才会引导人类走出现代科技社会、商业社会的迷宫和陷阱，才能指导人类健康地进入"现代化"。——宁取千年之芳草，毋恋一时之异花，这是人类值得深思的问题，要想人类文明得以永存和发展，就必须对现代的科学、技术和生产、商业进行检讨，寻找出有别于西方现代社会发展模式，更有利于人类生存和发展的"现代化"之路。对此，将是下一世纪东西方文明交流的重点，也是放在东方文明面前的一大课题，我们应该看到我国历史文化传统所存在优势，从现在起，投入相应的力量展开这方面的研究，积极主动地投入这个大潮流中，并争取得到主导地位。万不可对西方现有的"现代化"有迷信和畏惧的感受。我们应走自己的道路，建立有中国特色的那种社会主义的现代化。

在生活中参禅和习禅

　　中国历史上从来就有"天人合一"与"天人分殊"的争论，而在生活中，人们也无时无刻不处于天与人的"合"与"分"的十字路口。"天人合一"是自然与人的和合、协调和融洽；"天人分殊"则是自然与人的分离、矛盾和斗争。人类的历史，就是处于与自然既分且合的状态之中。人是自然的人，原本就立足于自然、产生于自然，人的生活也必须来源于自然，仰仗于自然。人类进入社会之后，开始从大自然中独立出来，并随着社会生产力的发展，开始凌驾于自然之上，成为了大自然的"主人"而改造和奴役自然。这时，在人类的心目中，天与人就分了家。在西方资本主义迅速发展的三百年中，社会逐渐大工业化、商品化和市场化。在资本主义大工业、大市场向全世界扩张之时，整个人类社会的大局也被拖入了工业、商品和市场这一非自然的形态之中。在地球上，作为纯粹意义的自然，在人们的心目中早已缩小到儿童玩具那样的地位了，人类似乎忘记了自己是自然之物、自然之子这一事实。

　　在农业社会的时代，人们千百年来面对着自然、顺应着自然、在顺应中利用和改造自然，在这里，顺应是利用和改造的前提。这个时期，人类的生活中，自然事物多于社会事物，春生夏长秋收冬藏这一农业生产的规律，不是人类可以作主并改而变之的。所以在古代中国，早在四千年以前对此就有清晰的认识，《尚书·尧典》中就有"钦若昊天"、"敬授民时"的训诰。而现代的工业化、商品化的社会，则打破了以往传统生产对自然规律的依赖——在工厂中是没有春夏秋冬的，也不存在"日出而作，日没而息"的，人类面对的再不是纯粹的自然物，而是种种物化的、利欲化的社会事物。人类除了其躯壳尚是自然物，其灵魂几乎彻底地社会化了。

人类的社会化给人类带来了前所未有的富足，大自然也似乎源源不断地向人类朝贡。但是人类先天的自然性同样也受到了掠夺——在社会性不断丰富和完满的过程中，人类的自然性则受到了伤害。商品社会中的唯利是图、绝对个人主义无情地吞噬着人们的灵魂，人类社会似乎有意识地朝着老子所描绘的堕落过程下滑：

> 故失道而后德，失德而后仁，失仁而后义，失义而后礼。夫礼者，忠信之薄而乱之首也。

西方社会是现代化的，法律的条文也多达天文数字，尽管有为发展中国家所羡慕的富足和繁荣，但是其社会中的吸毒、性解放、艾滋病、恐怖主义、黑社会等超级罪恶现象，是任何人所不敢恭维的。其大多数善良的居民，也承受着灵与肉分离的痛苦，这在西方心理分析、存在主义等许多人本主义的学说中得到了深刻和广泛的披露。人类对社会化的需求必须是有限度的，必须为自然性留下适度的空间，越是社会化彻底的地区，人们回归自然的愿望也就更加强烈，人类必须在自然和社会两者之间达到平衡——这不仅仅停留在生态学的意义上。这个矛盾，并不是在现代社会中被突然发现的，人类自进入社会以来，就必然形成这一矛盾，只不过在工业和商品化的社会中，这个矛盾被激化了而已。在人类社会，由于社会分工的不同，由于所处的地位和职业不同，必然有的人面对自然事物要多一些，有的则面对社会事物要多一些。一般的老百姓，特别是农民，其生产和生活与大自然融为一体，当然不会有回归自然的愿望，他们所追求的是平安与富足。而官吏和士大夫则生活在社会关系中，每当其受到失意和挫折之时，回归自然的愿望就显得强烈了。人生总是处在这样的矛盾之中，在贫穷、单纯的自然生活中向往着富裕和丰富的社会生活；而富裕和丰富的社会生活，又往往感到自我的丧失，又向往着向自然的回归。唐代著名诗人刘禹锡的《陋室铭》就充分表现了这个情境：

> 山不在高，有仙则名，水不在深，有龙则灵。斯是陋室，唯吾德馨。苔痕上阶绿，草色入帘青。谈笑有鸿儒，往来无白丁。可以调素琴，阅金经。无丝竹之乱耳，无案牍之劳形。南阳诸葛庐，西蜀子云亭。孔子云：何陋之有。

这个《陋室铭》中，只一句"无案牍之劳形"，道破了其中的天机。人只要天性（自然性）未泯，只要物欲的贪求没有扩张到难以回头的地步，人们对自然的依恋之情是不时都有所流露的，并在一定的条件下得到强化，更不用说在工业化、商品化的今天了。在今天，对生态平衡、回归自然呼声最高的，恰恰也正是高度工业化和商品化的社会。

人们的心灵需要净化，生活需要得到美化，才能在物化的社会环境中，在物化的社会事物中得到精神和心理的平衡。而生活的美化，则大多与自然事物有关。就中国而言，有几大主题情趣交织于古代文化之中，这就是：豁达与乐观，患难与忧思，闲逸与恬淡，豪迈与雄健、悠远与清雅，机敏与睿智。这一切，无不融于九州方圆的山山水水之中，无不融于国家和民族的盛衰之中，这就使人生得到了升华和美化。中国人自古以来社会意识就强，但同样的自然意识也强。但社会意识和自然意识是一体的，如老子所说：人法地，地法天，天法道，法道自然。人与自然也是一体的，如《中庸》所说："天命之谓性，率性之谓道，修道之谓教。"人生的升华和美化，最令人神往的莫过于与自然的融合，孔孟儒家对于人生，是政治上的仁义多于自然的融合。而老庄道家对于人生，则是自然的融合多于政治的智巧。庄子笔下对各种生命形态充满感情的生动描述，若没有与大自然深入的沟通和体察，是无法写得出来的。从老庄开始，中国人的生活就形成了一种禅趣，这种禅趣是人生与自然融为一体的禅趣，特别在闲逸恬淡、悠远清雅、豁达乐观这一层中得到了充分的体现，并极大地丰富和发展了中国的思想和文学。这样的禅趣，在现代的社会中则更令人神往，在今天日益远离自然的社会生活中，人们应积极主动地向大自然伸出救援之手，同时也应该在生活中注入禅的情趣，使自己在人生、社会和自然三者的矛盾冲突的关系中得到怡养，并尽自己的力量来协调三者的关系。

所以，在生活中参参禅、养养禅就会使生活得到净化和美化。中国历史文化的精粹，就是实践的、使人受用的心性之学。这个学问，近可以养生，扩而充之，则可以治国平天下，禅宗高妙之处，不在于其玄机莫测，而在于现实人生的受用，它把天上的佛国移到人间，把神圣的佛菩萨的光环，送到了每一个人的头上。成佛的依据是什么？禅宗没有工夫和你辩论解释，你只要感觉到自己的存在，这就是成佛的依据，而且是最根本依据，如果没有这个依据，一切佛教的理论和方法全都立不起来。六祖大师说："佛法在世间，不离世间觉。"又说："若欲修行，在家亦得，不由在寺。"这就打破了早期佛教森严的壁垒，把原来只有少数上等人才能享有的佛法，传布到了整个社会。这个力量是如此之大。不仅使佛教内的其他宗派受到了禅宗的影响，而且儒家和道教也受到了巨大的影响。唐代以来，中国上层文化的各个方面，几乎都可以说是禅文化。道理很简单，因为禅深入了社会，进入了生活，这就是中国历史中的现实。

现代的人一谈到禅，就认为应该进入寺庙，或寻一幽静的山林，水边月下，这样才能参禅打坐。有这样的条件当然不错，但这只是习禅的一种特殊形式，而不是普遍形式。参禅的普遍形式就是生活，生活就是禅的根本道场，而不论环境的远近高低，喧静众寡；也不论你贤愚不肖，富贵贫贱；也不论你的荣辱得失，喜怒哀乐。只要你有"心"参禅习禅，有"心"追求那个精神和意识的巅峰状态，一切环境都是最佳环境，都是根本道场，只要你投入一个东西，就是你的"心"。

一次和朋友乘车外出，乡间的公路上风景宜人。我随手指一些东西问他，"这是牛"、"这是狗"、"这是麦苗"、"这是菜花"，他一一作了准确的回答。后来我什么也不指，问他："这是什么？"他茫然了一阵，忽然会过意来，说："这就是'那个'嘛！"于是大家哈哈大笑。平常我们的"心"总是附着在种种具体的事物上，不知道它的"本来面目"，若要把附着的事物过滤掉，参禅入定，一般人弄不好又会"走火入魔"。其实在生活中，我们的"心"经常会处于清澈洁净的状态中，也就是经常处于禅或道之中，不过大家意识不到罢了。道，或者禅，把生活、把个人排除在外，那就不是禅，也不是道了。"一加一等于二"，这是任何人都能明确痛快地给予判断。肚子饿了要吃饭、大小便来了找厕所，这些性能，是不需要人教的。"我是我，不是别人"，精神病人也不会失去这种感受。而道和禅，就运行在这些最平庸、最原始的生命本能状态中，无怪禅宗内有那么多的人去参"狗子佛性"、"柏树子成佛"一类话头了。

　　前面我们常常提到，每个人都必须面对自己的"心"和"境"，这是任何人立身处世的基点，过去、现在、未来、人生、宇宙全都在这个基点上运行。这个"基点"涵融了一切，却又什么都不是。生活离不开这个"基点"，参禅习禅，则是爱寻找和确定这个"基点"，这个基点，就是禅宗内常说的"佛性"、"自性"、"菩提"、"本来面目"、"主中主"等等，名目多得很。一个人如果牢固地把握住了这个"基点"，用石头禅师的话来说："从生至死，只是这个。"那么，你就可以说"见道"了，也可以说是"开悟"了。里面的东西，说玄，佛教的三藏十二部全在其中；说平常，吃饭睡觉也是它。看到了这点，你就不会在世间感到不安和痛苦，也不会非得找个山清水秀之处去修道，整个现实的生活，无不渗透着浓郁的禅的气息，而你自身也会感到那种不可遏制的自在和力量。对一般人来讲，只要你有"心"，去追求，还是孔夫子的那句话："仁远乎哉，我欲仁，斯仁至矣。"禅就在你的身上，就在你的生活之中。下面我们来看几则相关的禅宗故事。

　　赵州从谂禅师是唐末的禅宗最优秀的大师之一，活了一百二十岁，人们都称他为"古佛"。他最初在他老师南泉禅师处参学时问："什么是道呢?"南泉禅师说："就我们这个平平常常的心就是道。"赵州又问："那么可以去追求和认识它吗?"南泉禅师说："你若把它当做一个'东西'去追求，去认识，那就错了。"赵州说："如果不去认识它，又怎么知道它是不是道呢?"南泉禅师说："道，不属于感知活动的对象，当然也不能排除它所具有的感知能力。在感知中所认识的那个'道'，其实是虚假不实的内容而已，并不是真正的道。如果丧失了感知的能力，那又变成了白痴。注意啊！如果一个人真的体验了大道，那他就不会再有任何的怀疑，他的精神和胸怀如同宇宙一样的宽广，并充满了生机。对此，怎么可以勉强地去证明它或否定它呢？"赵州听到这里，立刻就领悟了。

我们的精神，如同一个既可录像又可放像的虚空，它记载着一切，但它同时又是"空"的；它产生着一切，但它同样仍然是"空"的。如果我们的精神不处于这么一种"空"的状态，就会因内容的积淀而失去清澈的灵性。一般的人，正是因为过多的、各色各样的内容（性格、气质、知识、经验，情绪等等）的积淀，而使之失去了这个清澈的灵性。禅的妙处就在于：它不须要你去排除那些内容，只需要你自觉地保持这个清澈的灵性。如下面的故事：

南宋末年，无准师范禅师在他老师破庵祖先禅师那里当侍者。有一个修行人来请教破庵禅师，说："我修道多年，毫无成绩，总是对烦恼没有办法，排除不了。"破庵禅师说："你不是太多事了吗？你去排除它干什么。烦恼不过如同风吹在水面上的波纹而已——不要以为有了波纹，水就不是水了。"无准师范听到这里，心里就开悟了。智慧和烦恼，喜怒哀乐，都只是精神的现象而已，精神自身何尝因这些不同的内容而有所变化和增减呢！

在生活中，禅是举目可见的，如：

唐代石霜庆诸禅师到道吾宗智禅师那里参学。他问："怎样才能达到耳目所触，尽是菩提的境界呢？"道吾禅师没有回答他，却唤小沙弥去给供奉菩萨的净瓶换水。过了一会儿，道吾禅师向石霜，说："你刚才提的什么问题呢？"石霜正准备重说一遍，而道吾禅师却抽身走了。石霜庆诸于是有所省悟。

这是禅宗"问在答处"的现身说法，这不是用语言，而是用行为来表达的。这么多的行为让你看见了，让你"耳目所触"了，而这一切都是菩提，都是道。石霜庆诸因之而省悟了。再如：

清平令遵禅师在翠微无学禅师那里学习时，平常很用功。有一次，翠微禅师对他说："等到没有人时，我向你秘传无上佛法的真诀。"清平等了一会儿，看见四周无人，对翠微禅师说："师父，现在没有人了，请您告诉我吧。"翠微禅师却一言不发，带着他走进园林。清平又说："这里更加清静，您老该传法给我了。"翠微禅师于是拉着他指着几支竹子说："你看清楚，这一支竹子长一些，但那一支竹子短一些。"这时，清平忽然领会了禅的奥义。

真理是什么，谁也说不清楚，可又无处不在。我们能在生活的一举一动中，或在自然的一草一木中领会到真理的意味吗？能！这支竹子长一些，那支竹子短一些，这对任何人来说，都是无差别的一种实际的认识。就这么一点，就包容了全部的真理，暴露出我们前面所说的那个"基点"，有着全部的禅的气息。但是，人们要从这些细事中走入真理大门时，却往往踌躇不前了。再看一则：

唐代，芙蓉灵训禅师在归宗智常禅师那里参学多年后，感到自己差不多了，可以毕业了，于是向归宗禅师告别。归宗禅师说："你在这儿多年了，学得也差不多了，可以出去传道了。不过还有最根本一个佛法要点我还没有向你交代。你先去收拾行装，然后我再给你说吧。"芙蓉收拾毕后，诚心诚意地走到归宗禅师面前。归宗禅师说："现在是三九时候，天气很冷，在路途上要注意保养自己的身体啊！"芙蓉听到这里，立刻把以往学习、领会和开悟中所得的各种认识和境界全部放下了——彻底地空了。

当习禅的人们看到这则公案时，都会以为归宗禅师的那个"最根本的佛法要点"一定很深奥，哪知看完后才是一些家常话，而正是这些生活用语，却使他的学生放下了沉重的佛法包袱，在精神上得到了真正的清澈和自在。现在有许多人虽然很勤奋，但往往被过重的生活和工作压得灵气全无，这样既不能更好地工作和生活，反而给精神和心理上增加了压力和苦恼，这不是令人深省的吗？我们再看一则：

南宋初年，住在临安径山的大慧宗杲禅师，派他的弟子开善道谦到长沙去送一封信。路道需要来回步行四千里，真是太辛苦了。辛苦对出家人来说原算不了什么，因为道谦参了二十年的禅，还没有找到入门的门径。他正在用功，怕这一趟对自己有所耽搁，所以不愿意去。他的师兄宗元和尚说："没关系，你在路上一样可以参禅嘛，我陪你一起去就是了。"道谦不得已，只好去送信。在路途上，宗元对他说："这一次，你一定要把古往今来祖师们参禅悟道的故事统统放开，包括圆悟老和尚的，大慧师父讲的都不要去想。一路上要做的事情我全包了，好让你用心参禅。但只有五件事我帮不上忙，必须由你亲自动手。"道谦问："你指的哪五件事呢？"宗元说："第一，穿衣要你自己去穿；第二，吃饭要你自己去吃；第三，屎尿要你自己去拉，第四，睡觉要你自己去睡；第五，你的身体必须用你的脚带着在路上走。这些事都必须你自己去做，我可帮不了忙。"道谦听到这里，终于大悟了，不自觉地手舞足蹈起来。

人生的乐趣就在于发现自己，特别是在生活中发现自己。任何人都不能取代我自己的这个"我"，任何人都不能取代"我"的生活，而"我"的一切，必须由"我"去完成。这个"我"岂止是禅，简直包容了一切。你知道吗，当我们在生活中真正感受到这个"我"与我是那样的亲密，那样的活泼、灵动、富有、永恒，你也会手舞足蹈的。

这里的几则公案，都显示了其"不立文字，直指人心"的特点。知识只是精神的工具，而创造和使用工具的绝不是知识，而是知识的主人，我们面对知识，面对生活，当然应该成为其主人，而不应成为其奴隶。

生活是全方位的，禅是全方位的，我们心中的那个"基点"也是全方位的。所以在生活中参禅和习禅是禅修的正路，绝对行之有效。大慧宗杲禅师就这样说过："茶时饭时、静时闹时、公事酬作时、妻儿聚首时、一切一切时，无不是用功的好时候。"人们总不能离开生活、躲进棺木里去独自参禅吧！当你达到了"与天地万物为一体"的时候，对生活、对大自然的爱也就深厚和诚挚了，许多禅师及士大夫们的生活，无不沉浸在其中，如中国的诗画，其主体就是山水、田园和花草虫鱼鸟兽。你看："一雨普滋，千山秀色。""独步千峰顶，优游九曲泉。"

"白猿抱子来青嶂，蜂蝶唧花绿蕊间。"翻开《五灯会元》，几乎每一位禅师都与大自然有不解之缘。如刚烈迅猛、素有以"激箭禅道"、"棒喝"著名的临济大师，常在寺庙种植松树，他的老师黄檗禅师问他："深山里栽许多松作什么？"他说："一与山门作境致，二与后人作标榜。""与后人作标榜"是禅宗教化的主题，与大自然打成一片，融为一体，是禅师生活的主旋律。唐代著名思想家李翱，在参拜药山禅师有得时，写下了那首著名的《证道歌》，也标明了这样的情趣：

> 练得身形似鹤形，
> 千株松下两函经。
> 我来问道无余说，
> 云在青天水在瓶。

是的，人生是短暂的，而大自然是永存的。庄子说："吾生也有涯，而知也无涯，以有涯随无涯，殆矣。已而为知者，殆而已矣。"所以，重新回到自然的怀抱，与自然融为一体，才能有真正意义上的生活，也才有真正意义上的人生。当然，向自然的回归，并不是要让人类重新回到原始社会，或者回归到彻底的自然人的状态。自然人上升为社会人也是大自然的杰作，而社会人还须继续超越自己，向自然的回归是向上意义上的回归，是人类社会继续发展意义上的回归，是人类能安享天年、不至早夭的这种回归。这也将是"否定之否定"吧！而禅的生活是一种净化和美化的高级生活，没有人会与原始人的生活等同起来。

三玄三要趣谈

　　人，必须是教育而成的。各行各业，都有自己培养人才的教育方法。佛教和佛教中的禅宗，同样有自己的教育方法。佛教与世间学问不同之处在于，世间——社会的教育方法是以社会的需要来陶铸人生，把自然人社会化；而佛教的教育方法，则以出世间的要求来陶铸人生，把社会人自然化，并超越二者。禅宗的五大宗派各有其特有的教育方法，就是被它们称之为"纲宗"的那一整套家法。这里我们介绍的是临济宗的方法，主要是介绍"三玄三要"。

　　三玄三要的发明权属于唐代临济义玄禅师，他是临济宗这个中国禅宗最盛大门派的开山祖师。在一次讲演中他说："如果要精彩独特地宣扬禅宗的要义，在一句话中就应该做到具有三玄门（三种原则），每一玄门（原则）中还应具备三要（三个要点），而且其中还应该有权（灵活性）、有实（具体性）、有照（清晰性）、有用（实践性）。对于这些道理，你们是怎样领会的呢？"（原文是："大凡演唱宗乘，一语须具三玄门，一玄门须具三要。有权有实，有照有用。汝等诸人，作么生会？"）

　　对这个三玄三要，禅宗的历代祖师们作了不少的阐述，可惜是越讲越玄。临济大师讲时还能使人略略领会到其中的意味，后来禅师们解释的，就简直成了天书了。这里我们不必以追求"大彻大悟"的心情来研究这个三玄三要，如果结合一下现实的教育，也是有所裨益的。

宋代有一本小册子叫《人天眼目》，是专门介绍禅宗各大门派纲宗的。这本小册子对三玄的看法是：三玄就是玄中玄、体中玄和句中玄。后来的禅师们大多也认可了这种说法。因为这种说法较为合理，对一般的人来讲也有较大的意义，这里我们就以玄中玄、体中玄、句中玄来做一番领会。

三玄中的第一玄是玄中玄，这句话对稍知中国思想史的人来说，随即可以联想到老子《道德经》的第一章：

> 道可道，非常道，名可名，非常名。无，名天地之始；有，名万物之母。故常无，欲以观其妙；常有，欲以观其徼。此两者，同出而异名。同谓之玄，玄之又玄，众妙之门。

对老子的这一席话，古往今来的注释不知有多少，大家都莫衷一是，可见对这个"玄"是难解之极。但是借用佛法，特别是禅宗的方法来看这个"玄"，就相对方便得多。

在前面的章节中，我们曾以不同的角度来对"我"进行了解剖。在这个肉体的"我"之中，有一个精神之"我"，这个精神之"我"，能知能解、能作能为，能与万事万物发生关系，这个"我"真的有点"玄"。但在这"精神之我"的内部，还有一个主人公——我中之我。就是那个之所以能知能解、之所以能做能为的那个隐蔽的力量，这就更玄了。这里先把它认准，假名曰"玄中玄"。无，从其中而生；有，也从其中而生；玄，还是从其中而生。所以，这个"我中我"、"主中主"，可以说是老子的那个"同"、那个"玄之又玄"，也就是那个道。在这里，不论是《周易》所说的"圣人作而万物睹"，孟子所说的"万物皆备于我"，还是古希腊人说的"人是万物的尺度"，或是康德所说的"人为自然界立法"，乃至黑格尔的"绝对宇宙精神"，谢林的"绝对同一"，费希特的"自我意识"，叔本华、尼采的"意志"，到存在主义的"存在"，心理分析的"无意识"，全都消融在这个玄之又玄的宇宙黑洞之中。这里天地未发、日月未明、人心未动，真有点庄子所说的"既已为一矣，岂能有言乎"的意味，也有点《中庸》所说的"喜怒哀乐之未发谓之中"的意思。可以说都是，也可以说都不是，里面什么都没有，但里面什么都有。借用黑格尔的话说，"无是与它自身单纯的统一，是完全的空，没有规定，没有内容，在它自身之中并没有区别。"黑格尔是在其逻辑展开之前，是在一个平面上看到这种意味的，但禅宗的这个意味，却是多维的，是生命——精神的本原状态；黑格尔在这个无中推导出了他的逻辑体系，而禅师们则在这个玄中玄中即刻体验到整个人生宇宙；黑格尔的这个无中构架了他那清冷的精神，而禅师们却在其中呼唤出生机盎然的世界；黑格尔体系有无可奈何、令人沮丧的异化，而禅则永葆青春，既产生一切，又从未离开它自身的起点。

临济大师的玄中玄又称为第一句，他说："第一句如果懂了，就可以成佛作祖。"所以他的这个玄中玄，是针对那些出色人——特别出类拔萃的那类人而言。但别以为出类拔萃就了不起，在禅宗看来，心佛众生是没有差别的，当你还没有领悟到这个玄中玄时——没有顿悟时，你可以是圣人，也可以是凡人。但你一经顿悟，那你就不再是圣人，也不再是凡人了。因为在这个精神的本原状态中，是没有那些世俗内容和色彩的。

故在临济大师的方法中，第一就要有这种使人"立地成佛"的眼光和手段，同时又对禅师作了极高的要求。自己若没有达到这种火候，你又怎么能使用这种方法来指导学者呢？

第二就是体中玄了，临济大师说："如果第二句懂了，就可以成为天上和人间的导师。"禅宗对"悟"有两个尺度，实际就是对佛教中大乘和小乘的评判。大乘的基点是"自利利他"，自己解脱了，还要普度众生，为众生贡献自己的一切。这不仅是道德上的必然，而且也是世界观上的必然。禅宗通过对世界的否定——对人生的批判，达到了对世界的重新肯定——对人生新的参与。通过对世俗生活观念的扬弃，又从更高的层次进入和改造现实的人生。而小乘佛法则相对地趋向于达到涅槃——自己解脱自己，但却不愿再次进入人生；否定了世界，却不愿重新肯定世界；扬弃了世俗的生活却不再进入新的生活。以大乘佛教的观点来看，小乘仍然属于圣道，比世间的一切学说都高得多，因为它能彻底解脱于罪恶，根本上解除心灵上的染污而得到了永恒和安宁的精神存在。这也是人类追求的崇高目的，所以临济大师说可以为"天人师"。

第三玄是"句中玄"，也就是要掌握语言艺术。要向他人讲授佛法，使人进入玄中玄和体中玄，没有高明的语言艺术是不行的。面对不同文化背景和精神心理状态的人，其方法也各个有别。如同名医对症，病千变，药也千变。这个尺度，就是句中玄。

当然，这三玄是不可分的，最根本的那是在第一玄——玄中玄上，有了这个玄中玄，才能产生体中玄，也才能产生句中玄的效应。那么，什么是三要呢？可惜翻完了禅宗的典籍，都没有说到三要是指的什么。所以只好回到临济大师那里去看原始记录：

> 一玄门须具三要，有权有实、有照有用。

这里，应该是"四要"嘛，是权、实、照、用这"四要"嘛！三要既无法落实，我们就以四要来领会吧。

什么是"权"呢？就是应具备权衡、鉴别及策略的力量和智慧，就是既要知权宜，又达变通的灵活性。其中有攻有守、有进有退、有谋略、有方寸、有先后，并且知彼知己。面对复杂多变的环境，面对各种不同的人，一个"权"字，可以左右逢源、进退无失。如果明白了"权"字的妙用，让自己的心胸广阔些、灵活些，同时也应该把对方看活——既尊重对方，又要以发展变化的眼光来对待对方，真诚相待，何愁教育不成。有人说，纸上谈兵好办，遇到具体问题又该怎么办呢？正因为如此，所以更应该领会这个"权"字的深意。临济大师的意思是，我们在教育他人时要有灵活性，才能引发他人的灵活性。如果老师只能背死书，又怎能让学生把书读活呢？更不用说把心读活了。所以"权"就是艺术，不仅在教育学上，在其他学问上也是衡量人能耐的一个标志。

什么是"实"呢？上面我们说到"实"就是具体性。在向学生进行讲学时，如果没有具体性，学生是难以弄明白的。这种具体性应该是充实的、真实的、实际的、合乎事实的。禅宗尽管看起来玄之又玄，但它却与人最为贴近，而且落实在每一个人自身的存在之中，落实在每一个人的精神和心理的"状态"之中，禅宗的对象就是每一个具体的"自我"，自我对自我进行认识，可以说比其他任何事物更直接、更具体吧。人类花了那么多的精力去研究外部世界，也花了那么多的精力去研究人的身体、精神，为什么不可以花一些精力来研究这个"研究"者本身——我之所以为我的那个"主中主"呢？研究外部世界要"实"，认识自我也要"实"。禅宗之所以对佛教内的教条主义大加批判，就是因为教条主义没有把精力放在这个"实"处。

什么是"照"呢？"照"是清晰性。通过对"权"、"实"的领会，不明白不清楚的内容在我们心中清晰了、明白了。如同太阳升起、照破黑暗一样，一切事物都在光明中显现出自己本具的形态。不仅如此，"照"还有多层含义，不仅清楚明白，还应自我对"照"，并把这个明白过来的心，用来普"照"一切，"照"了一切。

有权有实又有照，对禅宗的意味就是熟透了。那么，就必然有所作为，能够为我所"用"了。"用"就是实践，对人对己、对工作、对生活就能有所作为，并且是"权实照用"一体互用。这样，不论你是参禅或做其他什么事情都会得心应手。对待成功不骄，对待挫折不畏，面对困难则敢于承担，并能克服。因为，你体验到了"玄中玄"，把握了那个"主中主"，你能用无私的、光明的、智慧的这个心来面对我们存在的这个世界，当然能与这个世界保持和谐，这可是《周易》里说的"保和太和乃利贞，首出庶物，万国咸宁"的境界啊！

这就是临济大师"一语中须具三玄门，一玄门须具三要。有权有实、有照有用"的通俗解释。从中可以看到，每一个玄门中都应具备权实照用四种功能。四三一十二，一句话中竟包括了那么多相互涵融又各个相异的境趣，试问哪一位语言大师能做到这点，并能让各个不同的听众各有各的收益呢？用宋代圆悟克勤禅师的话来说：我这里的禅如同大海，各人用各人的量来装了，你是用江河湖海来装呢？还是用锅儿碗盏来装呢？要知道，"照用"在临济大师那里还发挥成"四照用"，如他所说的：

　　我有时先照后用，有时先用后照。有时照用同时，有时照用不同时。

　　里面的变化太多了，但你若领会了那个"玄中玄"、"主中主"，你也会手段无穷的。

把握失去了平衡的世界

中国人历来是最讲究平衡和安宁的，中国古代思想的皇冠是《周易》，它的六十四卦全部是讲发展变化中的平衡。儒家本着这个道理，讲"君君臣臣，父父子子，夫夫妇妇之道"全部也是平衡。老子的《道德经》讲道也讲权谋，其最终目标仍然是平衡，并与《庄子》联手，从社会的平衡更深入到人的精神和心理的平衡。儒家所强调的修身齐家、治国平天下这条平衡社会人生的大纲，佛教和道教投的都是赞成票，并且还提出了深入广泛的"补充意见"。许多西方的著名学者，也许是中国历史文化因素给西方的印象太深刻了，对中国，他们感受更多的是历史文化方面的巨大力量。以至英国著名学者汤因比教授认为，要最终结束人类社会的危机和困境，希望在中国，在中国的儒家学说。他说："世界统一是避免人类集体自杀之路，在这点上，现在各民族中具有最充分准备的，是两千年来培育了独特思维方法的中华民族。"汤因比教授为什么这样说呢？因为他深感西方现代社会发展对人类所带来的毁灭性的危机，因为他对中国传统文化的优势感到鼓舞，因为他看到了中国文化的"历史性的质的稳定性"，这恰恰是医治西方社会动荡危机的灵药。

我国有的学者对中国文化和社会的这种"质的稳定性"很有意见，认为这是保守和落后的根源。这是急功近利的看法，也是把西方的那种"现代化"看得太高的结果。事物的发展，往往会向对立面转化，我们必须清醒地看到西方"现代化"的必然后果——多半是苦果，找到东西方协调的方式，发挥我们民族文化的优越性主动出击，加强东西方文化对话的广度和深度，参与到新世纪的世界大潮中去，并发挥重大的影响。

讲平衡当然得有掌握平衡的技巧，《周易》说："天下之动，贞夫一者也。"这个"贞一"就是技巧。

平衡和稳定，是中国历史文化中政治哲学的精粹，但这个力量，必须有具体的个人来承担，《大学》讲"自天子以至于庶人，壹是皆以修身为本"。

就中国历史文化中居于主导地位的儒释道三教而言，讲修身、讲修心、讲精神和心理平衡的，最高明的还是佛教。在佛教内各大门派中，讲得最深刻、最高明、最富有实践性的则是禅宗。佛教讲平衡讲得极多，如烦恼与菩提的平衡、生与死的平衡、智与愚的平衡、过去与未来的平衡、心与境的平衡、佛与众生的平衡、人与人的平衡、人与社会的平衡、人与自然的平衡等等，多得不可数。但精神和心理的平衡是一种实践、一种修养、一种功用、一种自我感受，而不仅仅是理论。仅看酒席的菜单是填不饱肚子的。所以佛教强调修行，这个修行，则以修心为主。必须明白，佛教的修心是修"行"的一个主导部分，是修心之"行"，人们一般的思维活动，一般的理性活动，哪怕是心理学、精神现象学、心理分析这些专门学科，都只能称为知识，而不能称为心的"修行"。心理、精神中的修行，乃是对自我生命和精神本原状态的回复和把握，而非知识性的有色染着及其描绘。

对一般的专业的佛教徒而言，也很容易地把佛教理论知识的熟知当作修行。所以佛教在理论中有"理障"、"所知障"、"文字障"等种种保护性的说明，而使其理论圆融和实践无碍。但是，要把理论直接转变为实践的力量的确太艰难了，所以历代是僧人不少，而高僧不多。对这个问题禅宗最为清醒，历代祖师无不在这方面花大力气、下大功夫。下面我们说说临济大师的"四料简"。

前面我们曾提到六祖大师所说的："惟论见性，不论禅定解脱。"禅宗全力以赴的是"见性"，对禅定解脱这类实践尚放在次要地位，何况那些空洞的理论了。那些读死书、啃教条的人，不知道自己就是一本无字的天书，而且是一本有关生命、精神、人生、宇宙的无字天书。里面不仅记载了现在文明史中的一切，而且还记载有未来的一切。总之，已知的和未知的全在这本无字天书之内，就看你怎么去读。人们被有限的已知的东西障碍了，不知去发掘那些未知的，与我们生命和精神更加贴近的部分。更多的人则被种种精神和心理障碍所束缚，不得一展人生的真实风采，真是令人叹息。

临济大师的"四料简"是对佛教中的禅僧们谈的，针对佛教，特别是专门就禅僧修行中的种种弊端，临济大师提出了这个"四料简"，所以立意极高，一般人难以下手。但是如果明白了临济大师的意趣和其中的方法，对那些心理失衡的人来说，无疑有极大的调剂作用。这"四料简"的原文是：

> 师晚参，示众云："有时夺人不夺境，有时夺境不夺人。有时人境两俱夺，有时人境俱不夺。"时有僧问："如何是夺人不夺境？"师云："煦日发生铺地锦，婴儿垂发白如丝。"僧问："如何是夺境不夺人？"师云："王令已行天下遍，将军塞外隔烟尘。"僧问："如何是人境两俱夺？"师云："并汾绝信，独处一方。"僧问："如何是人境俱不夺？"师云："王登宝殿，野老讴歌。"

对不熟悉禅宗语言的人来讲，以上的对答，可以说是天书，天知道说了些什么。但就这个"四料简"在禅宗的修行实践和教学中有着极其重要的地位和力量。临济宗是中国佛教内，也是禅宗内影响最大、流行最广的宗派。之所以如此，就是因为临济宗传世的方法最多、最活、最能吸引人。千年来，不知有多少中国的士大夫被倾倒于其中，著名的如王安石、苏东坡、黄庭坚、陆游、辛弃疾，甚至宋明理学中的周敦颐和程朱陆王，都从中获得了启发和力量。儒家讲中庸，用孔子的话来说："中庸其至矣乎，民鲜能久矣！"孔子还说："天下国家可均也，爵禄可辞也，白刃可蹈也。中庸不可能也。"所以中庸在儒家看来，是极高的理想的人格和境界。在《中庸》这部书中，中庸就是中和，"喜怒哀乐之未发谓之中，发而皆中节谓之和。中也者，天下之大本也；和也者，天下之达道也。致中和，天地位焉，万物育焉。"你看，中庸的境界有多么高。

　　说穿了，中庸就是精神和心理的平衡安宁状态。没有平衡就没有安宁，没有安宁也就没有平衡。儒家讲仁义礼智信，讲温良恭俭让，这些都是外部状态，如何达到内心的平衡这个中庸状态，在方法上当然不如佛家，我们还是回到临济大师的这个四料简上来吧。

　　人们常常陷入如下的麻烦之中，不是被外部环境所困扰，就是为内心烦恼所困扰。佛教讲解脱，就是要让人们从自我的困扰之中解脱出来。而解脱的根本标志，就是佛教所说的"见道"或禅宗所说的"明心见性"。禅宗认为，那些没有明心见性的人之所以没有开悟成佛，就是因为他们有种种的烦恼，这个烦恼的根本就是无明——无知。这个无明——无知，就是因为看不到"缘起性空"的道理，而这个"缘起性空"，恰恰就是佛性，也就是我们的"自性"。那个"主中主"、"我中我"是什么呢？谁也说不清楚，但有一点是必须明白的，它就是这个"缘起性空"。人们之所以不得解脱，就是因为没有真正明白这层道理，总是被自己的个性、知识或各种各样的人生观、世界观所局限，用禅宗的话来说，就是被束缚在其中，禅宗就是为你解开这个束缚的——当然必须自己解放自己。如果你被个性、情绪所束缚，就把你从个性和情绪的束缚中解放出来，如果你被知识所束缚，就把你从知识的束缚中解放出来，如果你被环境所束缚，就把你从环境的束缚中解放出来。总之，无论你被什么东西所束缚，就要把你从哪种束缚中解放出来。

　　孔子说过："毋必，毋固，毋意，毋我"这种"绝四"，也就是排除一切主观的障碍，而让自己保持清醒的头脑和平衡的心理状态。临济大师的这个四料简，就是使你达到这种境界的方法，并且深入到更高妙的上乘佛教境界之中。要知道，临济大师的这个四料简，主要是针对佛教——禅宗修行中所发生的各种偏差而提出来的，所以其高度和深度只有在进入了相当的修行火候，和遇到了相应的麻烦时，才会感到其中的智慧和力量。

　　四料简的主要方法是"夺"与"不夺"。在其中，"境"指一切客观现实，也包括了各种精神和心理的内容，还包括了佛法知识和自己修持佛法过程中的种种理解和认识。"人"则是指面对"境"的主观的存在，也就是"我"，就是那个能动的、能取能舍、能是能非的主观判断和抉择。在佛教里，就是指固执于法（境）和我（人）而不能融会统一，不能使之皆"空"的那类人而言的。有的认为"我空"，但"法不空"；有的认为"法空"，但"我不空"；有的认为"我、法"都不空；有的认为"我法俱空"。但是，对这些"空"，人们仍然往往陷在观念中，而不是在修行的实践上。能如实地达到这一点，"说者容易做者难"，许多人在理论上可以谈得头头是道，但在具体的行为中，表现出的却是另一回事，这在生活中是常常看得到的。

"有时夺境不夺人"——对那些固执、沉溺于"境"的人，临济大师就把那个"境"夺了，让你从客观之中看到主观。如果你认为"万般皆是命"，就让你看到"事在人为"而有所奋发。总之要使你在被动的生活环境中意识到主观意志的意义和力量。对修行佛教的人而言，你若认为"我空""法不空"，就肯定你的那个"我空"，而否定那个"法不空"，让你达到对立面的平衡。

"有时夺人不夺境"——对那些固执、沉溺在"人"的人，临济大师就把那个"人"夺了，让你在主观之中看到客观。如果你陷入主观唯心论、唯意识论和个人英雄主义之中，就要让你看到客观环境的力量，看到民众的力量。对修行佛法的人而言，你若认为"法空"而"我不空"，就肯定那个"法空"而否定那个"我不空"，让你达到与对立面的平衡。

"有时人境两俱夺"，对于有些自认为看穿了一切，其实是陷在虚假的理论观念中，认为人也"空"了、"境"也空了的人，其实上他的这个"人"也没有"空"，"境"也没有"空"，他是把那个"人空"、"境空"执著了。所以临济大师对这种虚幻的"空"就一概否定，让你看到自己并没有达到真实人境俱空的境界。当然，对一般的人来讲，主观是存在的，客观更是存在的，他们是看不到其中的"空性"——那种变化和无常，所以还说不上对主观和客观作一番升华和改造，完全是那个主观和客观的奴隶。对他们，临济大师的这个"人境两俱夺"也有其力量。那些恶欲横流、肆无忌惮、作奸犯科的人，一旦归案入狱，不是被迫地感受到"入境两俱夺"的滋味吗？但这与主动积极进行自我改造、自我完善而进入意识巅峰状态的"人境两俱夺"有天壤之别。临济大师的"人境两俱夺"可是让你领会到"天马行空，独往独来"的那种无上境界和气概的啊！

"有时人境俱不夺"，有些修持佛法，功行极深，的确达到了"人法两空"的境界。但大乘佛法，特别是禅宗就要让你"百丈竿头须进步"，让你在这个"空"中走出来，再一次回到世间，面对社会，普度众生。严格地说，执著于"有"是错误的，但执著于"空"也是错误的。世界对人而言，本来无所谓"有"，也无所谓"空"，"空"和"有"只是意识形态上的范畴而已。生活就是一切，而不管你"有"也好，"空"也好。禅宗致力于最高精神上的平衡，所以在各种层次上对"空"对"有"都要把握其平衡，而不能偏执于一方。如同一个中医妙手，不论你是什么病，他只是在平衡你的阴阳二气上下药，阴阳二气平衡了，病也就消失了。临济大师的这个"四料简"，就是平衡精神和心理的天平，"夺"与"不夺"，都是这个天平上的砝码，看你在"人"与"境"上什么地方不平衡，就以这些砝码用上而使你得到平衡。

真的，在禅宗内经过锤炼的人，其智慧和力量是不同凡响的，你如果把握了这个"意识的巅峰状态"，把握了这个"主中主"，在现实的生活和工作中，也无论在大环境和小环境中，你都会感到"得心应手"、没有障碍的。为什么呢？因为平衡的调节器就在你的手中，你总能够在矛盾之中看到其对立面，总会在其中找到平衡、统一、协调、解决的方法。在北京的紫禁城内皇上们调御天下大事的地方，不是命名为"太和殿"、"中和殿"、"保和殿"吗？要注意这个"和"字。《周易》说："保和太和乃利贞。"《中庸》说："致中和，天地位焉，万物育焉。"以中国圣人们的眼光看来，中国离不开这个"和"字，世界也离不开这个"和"字，这个"和"就是有机谐和的平衡。这个平衡，必须在个人的精神和心理的状态中得到落实。临济大师的这个四料简，其功用绝不仅仅限于禅宗。

廓清天地的狮子吼
——临济"喝"的启示

　　"棒喝"是禅宗内指导修行的重要方法。说到"棒",人们自然会联想到德山禅师,说到"喝",人们自然会联想到临济大师。因为在唐末禅宗最盛之时,一位是以"棒"横行天下,一位以"喝"响彻古今。离开了"棒喝",禅宗就失去了他自身的色彩而平庸起来。而这种粗野般的"棒喝"在佛教——禅宗内却是开启智慧、导入"明心见性"的阀门。这里先谈"喝",临济大师在他的传法活动中,不论是面对什么样的人,总爱用那震天动地、狮子怒吼似的"喝"。这个"喝",不是与人吵架,而有种种不同的功用,如同前面所说到的"三玄三要"和"四料简"一样,有着其独特的智慧和力量。你看:

　　　　有时一喝如金刚王宝剑,有时一喝如踞地狮子,有时一喝如探竿影草,有时一喝不做一喝用,汝作么生会?

　　一个人平时大吼一声,以出心头之气,乃是人之常情。其中原没有什么深玄的奥义,临济大师的这一"喝"中,真的就有那么玄吗?是玄,这平常的一"喝"在禅师手里,的确变成了启导学生、考验学生的重要方法。老师对于那些懒散、懈怠或犯了错误的学生大吼一声,原本就有示威和警告的作用。在临济大师这里,更与参禅悟道结合起来,于是一喝之中,竟包藏着四种意趣、四种杀法,成为临济宗内简捷痛快又变化莫测的教育方法。

"有时一喝如金刚王宝剑"——金刚王就是佛，宝剑在佛教中常喻为智慧。这句话的意思是，有时那一"喝"如同佛菩萨的智慧宝剑一样，使你解脱于知见中的迷雾，斩断了情志中的烦恼。要知道，我们的思维本身，就是一把无比锋利的宝剑，能把任何事物、任何思想内容剖析开来，甚至对基本粒子都可以劈成两半。我们知道，任何思想体系无论其如何精密、完满，都是相对的，不是绝对的，都是为它自身的内容所规定、所限制，故又可因其自身的内容而产生否定和扬弃，故可被更高的体系所取代。而这一切，不论破、不论立，都是思维在其中运行，说是说非的那个隐藏的力量，就是思维本身。俗话说，"无万世之真理"，一旦形成体系就不可避免地会产生僵化和异化。中国有句老话说："成之于言，则为死言，笔之于书，则为死书，运用之妙，在乎一心。"思维本身是活的不受任何规定的，所以能自由穿行，破立于万事万物之中，既可以肯定一切，也可以否定一切，既可以对事物进行综合，也可以对事物进行归纳。思维创造和否定着一切，但却不会因此停留和附着在这些事物之上。用老子的话来说，它是处于"生而弗有，为而弗恃"的超然状态之中，而永远只是它自己，而不是其他。所以，任何思维的内容，如同棋盘上的棋子可以无限的组合，而思维却如同棋盘，棋局可以在棋盘上无穷的变化，而棋盘却是永恒的宁静，却又规定着棋子的运行。围棋不过黑白二子，音符不过五个基音，颜色不过三个原色，但经过思维这个魔术师的操纵，却可以展现出千差万别的世界。对个人而言，你认为是自己的思维可贵呢？还是那些思维的内容可贵呢？在中国的思想史中，极重视本末、体用、道器、有无等问题，金刚王宝剑就是本、就是体、就是无、就是要你在纷纭万变的现象中归其本原，才能在生活中运用自若，不被现象所迷惑。对一些有思维经验的人来说，是常常爱自觉或不自觉地大吼一声，或以掌拍案，或以掌击头，这就表明了他已经在思维的困境中走出来了，或者力图打掉思维中的那些束缚。在禅宗内，许多因参禅参得头昏脑涨，心中是乌云弥漫，突然听到那霹雳般的一吼，常常会有云开日出、直契本心的感受。所以这一喝作用大得很。

"有时一喝如踞地狮子"——狮子是百兽之王，在佛教中被喻为文殊菩萨的智慧威力。狮子一吼，百兽恐惧。而在人们的心灵中，若能有如此威猛的一吼，那么精神和心理上的种种被污染的、不洁净的内容，如同鸡狗狐兔、豺狼熊罴一样，在狮子的吼声中避逃无踪了，哪里还敢现身露相呢！现代社会中，许多人在精神和心理上有种种疾病，这都与显意识和潜意识中的各种"不正见"和情志弱点分不开的，他们不知道自己精神中也有雄猛威严的狮子，狮子自身则是平静和安宁的。雄狮精神一旦抖擞出来，那些畏葸的精神内容也就消踪匿迹了。这无论对自己和他人而言都是适用的。"我有迷魂招不得，雄鸡一喝天下白"，在李贺的情感中，雄鸡一声尚有如此的力量，何况狮子吼！所以"有时一喝如踞地狮子"，这样的一喝确实能使人感到振奋，使人感受到一种无上的力量。对那些陷入思维、利害的疑阵中的人，用这种力量大吼一声，是会产生"山重水复疑无路，柳暗花明又一村"的感受。面对某种对立的力量，用这种狮子吼也会给人带来警醒，或许还有捐弃成见、反侧自消的效果。对于一些思想误入歧途、迷不知返的人来说，这样的狮子吼，可以使其产生畏惧而却步回头。严师出高徒，强将无弱兵。这种威势必然是无私的、利他的。如果心中有私，这个威势就立不起，就不是狮子吼而成了猫犬之吠了。

"有时一喝如探竿影草"——探竿，既可测水之深浅，又可以打草惊蛇；影草，设置疑地，"八公山上，草木皆兵"，看过武侠小说的人都知道探竿影草的作用大着哩！既然一喝如金刚王宝剑，又如踞地狮子，怎么还会有探竿影草这不伦不类的东西呢？实际上，这是一种鉴别考察的绝妙方法。在世界上，弄虚作假是一种贯穿古今的现象。大概人一进入社会，就有了真伪的分野。政治、军事、经济、艺术、科学甚至宗教，都有作伪者。禅宗本来是一门难入的宗教艺术，不是通家里手，轻易不敢说禅。但禅宗一旦风行，社会上甚至还有"选官不如选佛"的潮流，鱼目混珠的八股禅就应运而生了。从六祖惠能到临济大师近两百年间，禅宗的外在形式如机锋、转语、棒喝都为好禅的人所熟悉。所以临济大师的这个"探竿影草"，在禅宗内就有关卡的作用。面对那些前来谈禅的人，探竿影草似的一喝，就可以试探出你的来历和功夫的深浅。用《人天眼目》的话说，这一喝可以"看你有师承无师承，有鼻孔（真实见地）没鼻孔"，还可以看你能否从中领会到真实的含义。

这里插一则小故事。苏东坡深受当时禅宗的影响，在庐山东林寺又得到了临济宗大师东林常总禅师的"印可"，自认为对禅宗所入甚深，时常到禅林中去戏谑。有一次他听说荆州玉泉寺的承皓禅师机锋很利，于是穿了便衣去调皮。承皓禅师问他："您先生贵姓？"苏东坡说："我姓秤，就是专门称天下老和尚舌头的秤。"承皓禅师看他来者不善，于是振威一喝，说："你称一称，我这一喝重多少？"苏东坡平时以急智著名，但对这一喝却回答不上，只好认输。承皓禅师的这一喝就是探竿影草的一则作用。在社会生活中，一些社会经验丰富的人大都精于此术。不过这一喝却是禅宗内的方法之一，也就是上节中说过的"权"的另一种表现形式，有先照后用，先用后照，也有照用同时，也有照用不同时的道理在其中。这里，就从探竿影草引申到"一喝不作一喝用了"。

"有时一喝不作一喝用"——里面卖的什么药呢？《人天眼目》中说得很清楚，就是在这一喝中，"同时具三玄三要、四料简、四照用、四宾主"等种种功用。老天！这么复杂，是禅宗夸大其辞，胡扯一气吧！哪一个人能于一喝之中具有那么多的玩意呢？好吧，下面请看一则宋代公案，你就知道这一喝中有没有这么多的意思了。

北宋政和年间，太尉陈良弼在他的府中设大斋供僧，其中包括了圆悟克勤、法真、慈受这样的禅宗泰斗。宋徽宗知道这个盛会，也微服而来，在僻静处观赏。被邀请的僧人中有华严宗的著名法师叫"善华严"，他当众问这些禅师们说："本师释迦牟尼佛建立佛教，从小乘乃至到圆顿大教，扫除了'空、有'这类虚妄的认识，独证菩提涅槃这样既'真'且'常'的实体，然后方能万德具备，堂皇庄严，最后才取得了佛的地位。据说禅宗的一喝能转凡成圣，这似乎与佛教经论大相违背——我在经教中从来没有看到有如此荒唐的事。在这里，请各位禅师们现场表演一下，如果你们禅宗的那一喝，能够表现出我们华严宗的五时教义，我就承认禅宗说的是正法，否则就是邪说。"这时禅师中的净因继成禅师站了起来，说："法师所提出的这个问题，还用不着劳驾圆悟、法真、慈受三大禅师，我这个小和尚就可以使法师解除疑惑。"净因禅师于是召呼善华严一声，善华严转过头来答应了。净因说："法师，所谓世间愚法到小乘法，其实质是'有'；大乘始教，其实质是'空'；大乘终教，其实质是'不有不空'；大乘顿教，其实质是'即有即空'；一乘圆教，实质是'不有而有，不空而空'。但是我用禅宗这一喝，不仅能说明你们华严宗的五时教义，对于那些工巧技艺、诸子百家，同样能够予以说明。"于是净因禅师振威一喝，问善华严："这一喝，法师听到了吗？"善华严说："听到了。"净因说；"既然法师听到了，这一喝就是'有'，能说明小乘教。"沉默了一会，净因又问："现在你听到什么没有呢？"善华严说："没有听到什么。"净因说："法师既然没有听到，刚才那一喝在现在就是'无'，能说明大乘始教。"净因继续说："方才那一喝，法师说'有'。一会儿喝声消失，你又认为'无'。如果是'无'，就应该没有刚才的那个'有'，如果是'有'，就不会在现在成为'无'。这就是'不有不无'，能够说明大乘终教。"净因继续说："我刚才那一喝的时候，'有'无所谓'有'，而是因为有那个'无'，才显示出了这个'有'；没有喝的那个时候，'无'也无所谓无，因为有了前面的那个'有'，才显现了这个'无'，所以这说是'即有即无'，能入大乘顿教，要知道，我这一喝，并不作一喝之用，'有'、'无'不及，情解具忘。说'有'的时候，并没有建立任何东西，哪怕是一根毫毛；'无'的时候，也没有排除任何东西，却包容了宇宙。还有，就这么一喝，还包容了百千万亿的喝；而百千万亿的喝，也可以纳入这一喝之中，所以能说明佛教里最高的一乘圆教。"这一席话，把善华严说得心服口服，与会的人无不赞叹。徽宗皇帝对左右说："禅宗的玄妙真达到不可思议的境界。这个净因禅师的辩才，也可以说是世所罕有。"

华严宗在中国佛教理论中具有最高的地位，它把人生宇宙中的一切事物，看作相互交织的巨网。任何一件事物，哪怕它极微极细，也与整个宇宙中的一切有着不可分割的关系，"果彻因缘，因赅果海"是其归宗的命题。在日常生活中我们都处于这样的状态中，只不过难以做到这样的自觉认识。净因禅师那一喝实际并没有什么特殊的意义，只不过套用了华严宗的道理罢，却把行家给瞒了。

以自我为例，人人都可以贯通古今，横亘宇宙。不信吗？我们来讲讲。任何个人身上所存在的遗传基因，在生物学家看来，本身就包含了地球生命进化的全部历史和过程，乃至其种种外在因素，千百万代的信息无不存在于此，并延续到没法预算的未来时间之中。我们身体内的各种元素，氢、氧、碳、氮、铁、磷等，其根本存在来源于宇宙大爆炸的百亿年前。而我们维持生命的绿色植物，白天与太阳交通，夜晚与群星交通。地球本身就在银河系中运行，并带着我们饱览全部宇宙的壮丽色彩。人，不仅是社会关系的总和，而且是宇宙关系的总和，任何事物，都体现了全部的宇宙关系。人们在宇宙中诞生，最后仍回归于宇宙。有了这样的境界，面对现实的生活环境，这个胸量还会狭小吗？禅宗的功用，就是要你明白这一切。

参禅方法举要

　　前面我们已经举出了不少的参禅方法，这里集中地对参禅的方法作一些较为系统的介绍。当然，禅是一种佛教内专门修持后在精神中所获得的一种高级深沉的精神心理状态，并不是浅薄虚浮的人懂得一些"禅八股"就了事的。资深的丛林老禅师们常说，要通达佛教的经教为基础，要籍教悟宗，才不会在参禅中走入歧途。这是必需的，没有佛教的基本理论基础，所谈的禅，只能是虚浮不实的"花花禅"，用武术界的话说，只能算是一些"花拳绣腿"而已。另外，应要培养"顿悟意乐"，没有这个敢于追求的"心"，就没有恒久不懈的动力。这是参禅必须具备的前提。禅宗虽然强调"教外别传，不立文字"，若没有相应的佛学基础，你要"直指人心，顿悟成佛"那是根本不可能的。

　　禅宗的方法，基本可以归纳为机锋、棒喝、参话头和默照禅这四大类。而每一大类中，又有若干细微的分类。这种种的方法都是活的，不是呆板的教条，那是禅师们根据不同的对象而采取相应的方式。任何一种方法，都应包括开示、应机、接机、开悟等系列和完整的过程，有主体、有对象，而处在各自独特的相互关系中，超然于人们生活的思维习惯之外。禅宗强调的是"自悟"，因为"悟"这一精神状态的飞跃必须由自己来完成，任何人是插不上手、帮不上忙的。但是也不否定师承的作用，老师是带路人，可以让你走上正确的道路，尽管路是必须由你自己用脚来走。

在禅宗的方法中，机锋的面最广。"机"的含义极深，如《周易》说："知机其神乎？机者，动之微，吉之先见也。"周敦颐在《通书》中说"寂然不动者，诚也，感而遂通者，神也；运而于有无之间者，机也。诚神机曰圣人"，都极重视机的作用。用今天的话来说，机就是某种事物的潜在因素。参禅开悟，也有其开悟的内在因素，这个因素就是"机"。"锋"就是刀刃，就是枪尖，就是剥除包裹在"机"外面的外壳，而使开悟的因素得以显现。人与人不同。各人的心态、知识的积淀都不同，而禅宗的机锋，就是剥除那种种不同的外壳，而让你的"真机"显现和完善，即所谓"脱颖而出"。

唐代百丈怀海禅师有一次和他的老师马祖在乡间的路上，忽然飞来一群野鸭子，在天上鸣叫而过。马祖问："这是什么在叫呢？"百丈说："是野鸭子在叫。"过了一会儿，马祖问："刚才那些叫声到哪儿去了呢？"百丈说："飞过去了，听不见了。"马祖突然抓住百丈的鼻子狠狠一扭，百丈痛得大叫一声。马祖说："'这个'飞过去了吗？"这时百丈心理猛地明白了。

在生活中，人们老是处于这样的状态，就是把思维和思维的内容混为一谈。眼耳鼻舌身意无不给我们提供思维的内容，但那些内容并不等于是思维本身，思维本身是不同于这些内容的。所以六祖说："成一切相即心"——我们认识的一切内容，都离不开我们的精神和思维活动。"离一切相即佛"——你若能在这种种认识的内容中把精神和思维解脱出来，不受其染污和束缚，你就是佛了。马祖扭百丈的鼻并说："'这个'又飞过去了吗？"就是用这个刀子剔除了百丈精神中的"外壳"，使他看到了自己那个"不与万法为侣"的本来面目。

广利禅师在石头希迁禅师那里参学时，他向石头禅师提了一个问题："什么是与他人无关的，完全绝对属于自己的那个'本分事'呢？"石头禅师说："你要问这样的'本分事'，那又怎么能到我这儿来找呢？找我就不是你的那个'本分事'了。"广利说："如果不经过老师的指点，我又怎么知道自己的'本分事'呢？"石头禅师说："你的那个'我'曾经丢失掉过吗？"广利禅师就在这时，明白了自己的那个"本分事"。

这本是极其明白的事，"我"就是我，绝不是其他，但要把这种认识转到禅的状态里却决非一件容易的事，因为人们都把佛、把禅看得太高，不敢相信这个"我"中就有一切。同时，这个"我"又被万事万物弄得晕头转向，当然无法有如此的智慧和力量了。再如：

有个和尚问药山惟俨禅师："怎样才能不被各种各样的外部环境所迷惑呢？"药山禅师说："外部环境是外部环境，它哪里妨碍了你呢？"这个和尚说："我就是弄不懂这点。"药山禅师说："是啊，怎么会是外部环境把你迷惑住了呢？——是你自己把自己迷惑住了啊！"

你看，禅师们的刀子实在太锋利了，在这把刀子的锋刃之下，主观和客观的关系无论有多么的复杂，无论其中水乳交融，有着千丝万缕的联系，都可以被清晰地剖析开来。禅门用其"锋"把学生的"机"挑露出来后，学生们就应该交上答卷，这就是禅宗内的"转语"，当然，并非每个人所交的答卷都正确。另外，"转语"还是禅师们相互考察的一种方式，仍然属于"机锋"里的一个类别。如下面几则公案：

药山惟俨禅师最初到石头希迁禅师那里去拜访，见面就说："佛教里三藏经论的道理我大致都能理解。但对于禅宗所说的'直指人心，见性成佛'却不知到底是怎么回事。请老和尚能给我一些开示。"石头禅师说："这样是不对的，不这样也是不对的；既这样又不这样还是不对的，你怎么理会呢？"（这也是机锋。）药山不知石头禅师在那儿说了些什么，待在那里说不出话。石头禅师说："你的机缘还不在我这儿，你到江西去找马祖吧，那里可能会解决你的问题。"药山见了马祖，恭恭敬敬把前面的问题提出来，请马祖指导。马祖指着自己的脸说："我有时要它扬扬眉毛，眨眨眼睛；有时又不让它扬眉毛眨眼睛。有时挤眉眨眼是对的，有时挤眉眨眼又是不对的——你又怎么领会呢？"（马祖这里仍然是机锋。）药山于是言下大悟，便恭敬地给马祖磕头。马祖说："你见到了什么道理，居然行如此大的礼呢？"药山说："回想我在石头和尚那里，如同一只蚊子立在铁牛上——没有我下口的地方啊。"（这就是转语。）马祖说："既然你明白了，可要好好保养这个境界啊。"——马祖印可了他。药山在马祖那里当侍者，继续用了三年的功，有一天，马祖问他："最近你有什么新的、更高的见解呢？"（机锋又来了。）药山说："我现在的感觉是，好像皮肤都脱落尽了（没有什么认识了。），只有一个真实的东西在里面。"（这也是转语。）马祖赞叹他说："好！不简单，我祝贺你，你的这种感受，可以说是见到了根本，并可以任用自如了。现在我建议你用三根篾条勒一下腰肚，随便找一处山林传道去吧！"

药山又回到石头禅师那里继续陶冶，有一次他坐在石桌上，石头禅师问他："你坐在这里干什么了？"（机锋又来了。）药山说："我什么都没有做。"（转语。）石头禅师紧追一步，说："那你就是在闲坐了。"（刀锋利得很。）药山说："如果是闲坐，也是有所为的呀。"（转得妙！）石头禅师又说："你说你无所作为，什么都没有做，但你那个'不为'的目的是什么呢？"（刀锋更为逼人。）药山说："什么圣贤的事我都不理会。"（转得更高，独往独来。）

后来，药山禅师成了一方祖师，接人待物的禅宗功夫就更加纯熟和圆妙。有一段时间，他在他所住持的寺庙内很久没有升堂说法了。监院和尚来禀报说："僧众们都长久地盼望您老人家开示教诲。"药山说："好吧，你去敲钟，把大家集合起来。"监院和尚敲了钟，僧众们全部集聚在禅堂内，药山依仪升座，但却一言不发地回到了方丈。监院和尚紧跟着，问："您老人家既答应给大家说法，为什么一言不发就下来了呢？"药山说："讲经，有讲经的法师；讲论，有讲论的法师；我又不讲这些，也没有要讲的义务，你凭什么抱怨我。"其实，药山这里用的仍然是机锋，只不过用的是没有语言形式的机锋罢了。禅宗内常标榜"不说而说，说而不说"，说与不说都是次要的，关键的是要你领会那个既能说、又能不说的东西。这是什么呢？

有一次，药山在禅床上打坐，有个和尚问他："你像木头、石头那样呆坐在那里，到底在思考什么？"（机锋杀过来了。）药山说："我在把握那个既产生思维活动，但又不是思维内容的'那个'。"（既是转语，又是对他人的启示。）那个和尚又问："既然'那个'本身不是思维内容，当然就没有进入思维活动之中，您老又怎么把握得住它呢？若要把握，又该怎样去把握呢？"（机锋更尖锐了，来者的确不是生手。）药山说："那当然不是用思维的方式来把握它。"（这个转语，真是团团转，让人的思维靠不了边，真是把临济大师的"权、实、照、用"各个方面全都容纳在其中了。）

机锋太多了，我们还是来看一段六祖惠能大师与永嘉觉禅师对话的原文吧，那真是精彩之至：

> （永嘉觉参六祖时）绕师（六祖）三匝，振锡而立。师曰："夫沙门者，具三千威仪，八万细行。大德自何方来，生大我慢。"觉曰："生死事大，无常迅速。"师曰："何不体取无生，了无速乎？"觉曰："体即无生，了本无速。"师曰："如是，如是。"玄觉方具威仪礼拜，须臾告辞。师曰："返太速乎？"曰："本自非动，岂有速邪？"师曰："谁知非动？"觉曰："仁者自生分别。"师曰："汝甚得无生之意。"觉曰："无生岂有意邪？"师曰："无意谁当分别？"曰："分别亦非意。"师曰："善哉！"少留一宿，时谓"一宿觉"。

这一段对话，简直是刀光剑影绕成一团，水泼不进，针扎不进，是机锋转语中的典范。但这绝不是可以当作八股和教条的，哪怕你背得烂熟，不是真正过来人，立即会败下阵来。如马祖的弟子邓隐峰见石头禅师一则：

> 邓隐峰辞师（马祖），师云："什么处去？"对云："石头去。"师云："石头路滑。"曰："竿木随身，逢场作戏。"便去。才到石头，即绕禅床一匝，振锡一声，问："是何宗旨？"石头云："苍天、苍天！"峰无语，却回举似师，师云："汝更去问，待他有答，汝便嘘两声。"峰又去，依前问，石头乃嘘两声，峰又无语。回举似师，师曰："向汝道石头路滑。"

一个高明的演员，一上台就浑身是戏，如六祖与永嘉觉那样。若是功夫不到家，一上台就碍手碍脚，破绽百出，更谈不上发挥。邓隐峰与永嘉觉的派头相同，但功夫却天壤之别，无怪乎一位在六祖那里受到赞扬，一位在石头那里跌了筋头。下面我们来看"棒喝"。先看"棒"。

"棒"与"喝"的作用大致相同，都是针对禅宗内的教条和八股的一种否定，并以一种更加激烈的方式——置之死地而后生来剿绝那些学禅过程中在头脑中产生的种种情识和见解。在这里，禅师不是用嘴来和你讲道理——在禅的最高领域里是没有道理可讲的。而是用棒子来和你进行交流，你有什么意见和问题就对棒子说吧，听听它给你的答案，这就是"当头棒"。一般学禅的人，满肚子的疑问一遇到棒子打来，精神又会处于什么状态呢？既非武士侠客，当然化解无方。但装在脑子里的那种种知识、见识、疑问，也不论你自鸣得意，也不论你是虚心请教，在当头一棒之下，这种种精神的、心理的、思维的都会被驱得烟消云散，如果你是"心有灵犀一点通"，在这一棒之下你就开悟了。即使没有开悟，也可以有减轻其沉重的"知见"负担这个作用，在禅宗内称之为"逼拶"——对精神的强行过滤和净化。

"棒"的使用，早在六祖、马祖那里就得到了运用，但使之风行天下，成为禅宗内惯用方法的，则是唐末的德山宣鉴禅师，他与临济大师同时，但年龄要大一些，去世也要晚两年。这位老和尚，一辈子就玩棒打人，用他弟子的话说：

> 德山老人寻常只据一条白棒，佛来亦打，祖来亦打。

你看他：

> 小参示众，曰："今夜不答话，问话者三十棒。"时有僧出礼拜，师便打。僧曰："某甲话也未问，和尚因什么打某甲？"师曰："汝是什么处人？"曰："新罗人。"师曰："未跨船，好与三十棒。"
>
> 僧参，师问维那："今日几人新到？"曰："八人。"师曰："唤来一时生按着。"（按着打）
>
> 师示众云："道得也三十棒，道不得也三十棒。"临济闻得，

谓洛甫曰："汝去问他，道得为什么也三十棒？待伊打汝，接住棒送一送，看伊作么生？"洛甫如教而问，师便打。浦接住送一送，师便归方丈。浦回举似临济，济曰："我从来疑着这汉，虽然，汝还识德山么？"浦拟议，济便打。

　　上面举的这几则公案，全是棒子在舞，作为参禅的方法，这棒子真的有这么大的作用吗？雪峰义存是德山的高足弟子，后来也成了伟大的禅师，他曾经真诚虚心地问德山："禅宗的无上大法，像我这样的人有资格、有能力得到吗？"德山狠狠打了他一棒，说："你胡思乱想些什么。"雪峰说："我委实不明白啊！"第二天，雪峰又来讨教，德山说："我老实告诉你吧，我们禅宗是没有什么理论，也没有什么道理可讲的，实在没有什么妙法可以传授给人的。"雪峰于是就有所省悟了。

　　云门宗的典型教育方法有三条，其中第一条就是"截断众流"——当下阻止思维活动的运行，而使你"返本归源"。这种方法，就是"棒"法的引申和雅致化。要知道，人在社会中生活，意识早就理智化、情感化。面对任何事物，其思维都会如落叶浮水，顺流而下。在人的头脑中，不是是，就是非，不是得，就是失，没有一刻稍停，感触、联想、幻想及种种喜怒哀乐，简直丢不开。那些练气功的人对此深有感触，老师说要意守丹田，扫除妄念，但脑子里平常不觉得，一说要坐那儿止念，才知道那个念头之麻烦，真是如长江之水，浩浩荡荡，哪里止得住。就算得点静，也只是相对而言，不浮躁而已。要说无念，谁做得到呢？是的，坐在那儿止念静心，对大多数的人来说是难凑实效的，特别是那些大脑活动兴奋，又善于思考的人更是如此。但你若走上禅宗修行之路，面对德山老和尚的那劈头的一棒。那一下，你的种种杂念都会不知何处去了。就在那么一下，借用毛泽东的诗句，就叫做："金猴奋起千钧棒，玉宇澄清万里埃。"无形的思绪就会当下被打断，出现"言语道断，心行处灭"的状态。这可是石火电光般的一瞬，转眼即逝。有心的人，若火候和机缘已到，就会在其中翻个筋头而"明心见性"。火候不到，机缘未熟的，对这样的景象当然就会失之交臂，视而不见了。

　　因"棒"而悟的，最著名的莫过于临济大师的那则"悟道因缘"了，许多介绍禅的作品对这节公案都作有介绍，我们这里也结合着来看一看吧。

　　　　师（临济）初在黄檗会中，行业纯一（对佛教的戒定慧已有相当的实践了）。时睦州为第一座，乃问："上座在此多少时？"师曰："三年。"州曰："曾参问否？"师曰："不曾参问，不知问个什么？"（本来就具有不贪不著的气度）州曰："何不问堂头和尚，如何是佛法的大意？"（睦州这里，暗指前程）师便去。问声未绝，檗便打。（炉火烧炼）师下来，州问："问话作么生？"（再摆津渡）师曰："某甲问声未绝，和尚便打，某甲不会。"（幸好"不会"，若"会"便成废物）州曰："但更去问。"（幸遇向导）师又问，檗又打。如是三度问，三度被打。（大冶熔炉，百炼成钢）师白州曰："早承激劝问法，累劳和尚赐棒，自恨障缘，不领深旨。今且辞去。"（不怨天、不尤人、画龙已成，只欠点睛）州曰："汝若去，须辞了和尚。"（黄檗与睦州大概是优秀导演，早已作好模具，只待临济成材）师礼拜退。州先到黄檗处，曰："问话上座，虽是后生，却甚奇特。若来辞，方便接伊。以后为一株大树、覆荫天下人去在。"（独具慧眼）师来日辞黄檗，檗曰："不须他去，只往高安滩头参大愚，必为汝说。"（引船靠岸）师到大愚，愚曰："甚处来？"师曰："黄檗来。"愚曰："黄檗有何言句？"师曰："某甲三度问佛法的大意，三度被打。不知某甲有过无过？"（船已靠岸）愚曰："黄檗与么老婆心切，为汝得彻困，更来这里问有过无过。"（画龙点睛之笔）师于言下大悟，乃曰："原来黄檗佛法无多子！"（终于弃船上岸了）愚揞住曰："这尿床鬼子，适来道有过无过，如今却道黄檗佛法无多子。你见个什么道理？速道速道！"（催人上路）师于大愚肋下筑三拳，（扬长而去）愚拓开曰："汝师黄檗，非干我事。"（不必居功）师辞大愚却回黄檗。檗见便问："这汉来来去去，有甚了期？"（最后一锤）师曰："只为老婆心切，便人事了。"（交卷已毕）侍立，檗问："甚处去来？"（明知故问，考核再三）师曰："昨蒙和尚慈旨，令参大愚去来。"（可以周旋）檗曰："大愚有何言句？"师举前话。檗曰："大愚老汉饶舌，待来痛与一顿。"师曰："说甚待来，即今便打"随后便掌。（现场表演）檗曰："这疯癫汉来这里捋虎须。"（已成平手）师便喝。（不受陶冶）檗唤侍者曰："引这疯癫汉参堂去。"（大功告成）。

这则公案，"棒"的作用极大。纵观前文，其中无一处谈道论理之处。"原来黄檗佛法无多子！"黄檗若有"佛法"，就不是禅宗风范了，正是这个"无"，正是处处表现了这个"无"，而且是用棒子来表现这个"无"，才把最深最活的佛法——禅的状态让临济领会到了。如果是说理，那临济得到的也不过是一些佛法"知识"而已。所以，不论"棒"、不论"喝"，都是高明的禅师让你自觉或不自觉进入这种"状态"、这种"角色"的方法。但是，苟非其人，道不虚行。当一个人在生活中面临困境，甚至绝境的时候，在精神往往会出现这种状态，但谁又能在这个时候与禅搭上一座桥梁而使自己到达彼岸呢？高明的人，有巧妙转变环境的能力而且不露痕迹。在禅宗这里，可是旋乾转坤，易筋洗髓啊！

关于"喝"，在前面章节中已经作过介绍，下面我们来看参话头。

提倡参话头最有名的南宋初的大意宗杲禅师。其实早在唐末，一些著名禅师的精彩公案已作为"话头"在丛林的禅僧中流传和参行了。如六祖大师的"不思善，不思恶，正恁么时，哪一个是你的本来面目？"南阳慧忠国师的"三唤侍者"，马祖的"不是心、不是佛、不是物"，百丈禅师的"下堂句"，赵州禅师的"狗子佛性"、"柏树子成佛"、"万法归一，一归何处"、"吃茶去"，到了五代时云门禅师的"干屎橛"等等，都是许多禅僧苦参的著名话头。机锋棒喝之行于世后，一般的僧人熟知其来龙去脉，就成了教条和八股，虽然没有明心见性，但却有一整套应付机锋棒喝的方法，并纯熟得很。如北宋中期临济宗大师白云守端对其弟子五祖法演禅师所讲的一些现象。

当时庐山东林寺是禅宗的著名道场，临济宗黄龙禅系的高僧东林常总在那儿住持，许多达官贵人、名流学士都爱到那里去参禅，并组织了

"莲社"，真是阵营整齐、声势浩大。这一切，在白云守端禅师看来，不过是士大夫们为增进诗文的才思而形成的一种精神时尚而已，他们之中，如同苏东坡一样，并没有达到"真参实悟"的境地。同时，那些禅僧们，绝大多数也没有达到"真参实悟"的境地。有一次白云对五祖演说："有几个禅客从庐山来，我当面考察了一下，要说'悟'，他们个个都有'悟处'；要他们说，个个都说得头头是道；我举一些公案考他们，他们个个都是专家；我设立了一些机锋，让他们下转语，他们的转语也灵转得很，毫无破绽。虽然如此，他们却没有一个真正是开悟的。"五祖法演感到很奇怪："人家既有如此的火候了，为什么老师不承认他们呢？"于是带着这个疑问，对照自己的情况，苦苦地参究了一段时间，终于实实在在地开悟了，并说："我为之出了一身泫汗，终于明白了禅的全部过程。"从此以后，五祖法演禅师在禅修的方法中，在机锋棒喝之后，更设立了参话头这一道关卡。

什么叫做参话头呢？用黄檗大师的话说：

> 若是个丈夫汉，看个公案。僧问赵州："狗子还有佛性也无？"州云："无！"但去二六时中，看个'无'字，昼参夜参，行住坐卧，着衣吃饭处，屙屎放屎处，心心相顾猛著精神，守个'无'字。日久月深，打成一片，忽然心花怒发，悟佛祖之机，便不被天下老和尚舌头瞒。便会开大口，达摩西来，无风起浪，世尊拈花，一场败阙。到这里说甚阎王老子，千圣尚不奈尔何。不信道有这般奇特，为甚如此，事怕有心人。（《黄檗断际禅师宛陵集》）

参话头的关键之处，就在你结合一个公案，专心致志、持之以恒地去参究，并且不能间断，这样"日久月深，打成一片，忽然心花怒放，悟佛祖之机"。这样的方法，当然比流行已久的机锋棒喝踏实稳当，更为适合于一般人。俗话说，"只要功夫深，铁棒磨成针"。这样下功夫，虽有损"顿悟"之嫌，但却避免了机锋棒喝使许多人落入"狂禅"的弊病。对参话头用功的方法，北宋晦堂祖心禅师有个极好的譬喻：

黄龙晦堂祖心禅师问草堂善清："六祖《坛经》中的'风动、幡动’这个话头，你是怎么理解的呢？"善清说："我参了许多时了，但都没有找到入处。希望老师给我一个方便的指示。"祖心禅师说："你看到过猫儿捕老鼠吗？它捉老鼠的时候，眼睛睁得大大的，眨也不眨一下，四只脚紧蹲在地上，一触即发；它的眼、耳、鼻、身和心，全都放在老鼠身上，头和尾都是向着一个方向，自始至终都是一个目的——捉老鼠。就这样，所以老鼠一亮相，就会被猫捉住。你如果能如同猫捉老鼠那样，心里不再去想其他的事情，眼耳鼻舌身意六根就自然清净了，自己再默默地去体会，保你万无一失。"草堂善清照这样去参，过了一年，终于大悟了。

道理和方法都被晦堂祖心说完了，再明白不过了。你若进入了这种状态，本来就是不自觉地进入了禅境了，你"悟"的时候，不过是从不自觉转入到自觉而已，这样参禅当然可靠。再如：

唐末，有个和尚问投子大同禅师："我一个问题一个问题地提出来，您可以一个一个地给予回答。如果碰上了成千上万的人同时向您提出问题时，您该怎么办呢？"投子禅师说："我只好像孵蛋的老母鸡那样了。"

投子大同的话妙得很，也表现禅师们的认真和严肃的精神，母鸡孵蛋，对一个蛋，它孵；两个蛋、三个蛋、乃至二十个蛋，它也孵。它不会计较蛋的多少，只会极其认真负责地孵下去，直到小鸡出壳为止——这是老母鸡的精神。参话头，以这种老母鸡的精神和猫捕老鼠的精神来参，还能不成功么！不仅是参禅，对于社会中的任何疑难问题，如果有这种精神，还怕得不到解决吗！

除了如此用功之外，在具体的方法上有几条还必须留意，如大慧宗杲禅师所指出的："第一不得用意等悟，若用意等悟，则自谓即迷。"就是一方面，你要有追求开悟的动力，但在用功时，则只能用功，不能把心思又放在那个"悟"上。在参话头的过程中，同样会产生种种的心态，种种自以为是的理解，面对这一切，必须一概扫除，更不能把一些自以为高妙的领会认作是"悟"境。所以大慧杲说："看（话头时）不用博量，不用注解，不用要得分晓，不用向开口处承当，不用向举起处作道理，不用堕在空寂里，不用将心等悟，不用向宗师说处领略，不用掉在无事匣里。"你看，好严格细致！能够这样，自然不会"走火入魔"。大慧杲还说："但行住坐卧，时时捉撕，狗子还有佛性也无？无！捉撕得熟，口议心思不得，方寸里七上八下，如咬生铁橛，没滋味时，切莫退志，得如此时，却是个好的消息。"

大慧杲是最提倡参话头的禅师，他自己就是在参话头中过来的，深知其中的甜头。早年他拜的老师不少，人又聪明，机锋转语棒喝都难不倒他，自己也知道没有开悟，但许多著名的禅师却拿他没法。后来到圆悟克勤那里参禅，圆悟为了折服他，以云门大师那个"东山水上行"的话头考他，一年中大慧杲下了四十九个转语都没有对。后来圆悟让他参"有句无句，如藤倚树"的公案。他的确苦苦地参了半年多，竟到了"狗看热油铛，要舔又舔不得，要舍又舍不得"的程度，当时机成热，再被圆悟禅师轻轻一引，他才最后开悟了。

参话头不受时间、地点和其他条件的影响，不像机锋棒喝必须有个面对着的老师。其目的就是一个"明心见性"，要"明心见性"就必须过"言语道断，心行处灭"这一关。在这里，就要离开感觉，离开思维——打破这一道把自己和世界分割开来的坚壁，使自己和被分割开来的世界直接沟通，达到平等无差。用唐代长沙岑禅师的话来说，就要达到：一方面"转山河大地归自己"；另一方面，同时要"转自己归山河大地"，把自己完全融入人生宇宙之中，同时也把人生宇宙融入自我之中。没有"明心见性"这一过程，仅靠胸怀气度，是达不到这种程度的。有的人仰慕这种境界，仅从外部知识上下手，更是不行。若把《五灯会元》与《世说新语》相比较，禅师们的洒脱自在是内在型的，使人有当然如此之感。而名士们的洒脱自在是外在型的，使人有矫揉做作之感。这个差别点，就在于是否过了"明心见性"这一关。

在众多的参话头的公案中，有一则故事最为有趣，这就是北宋元祐年间兜率悦禅师和大臣张商英有关"德山托钵"话头的故事。

"德山托钵"是禅宗众多公案中极难的一则，内容是这样的：当德山禅师81岁高龄的时候，雪峰义存和岩头两位后来的巨星都在德山那里学习，当时雪峰义存在庙里是"厨师长"。有天早上饭开迟了，德山禅师捧着饭钵进厨房，雪峰说："钟也没有敲，鼓也没有敲，您老捧着饭钵到哪里去呢？"于是德山禅师一言不发，默默地回到了方丈。雪峰把这事告诉了岩头，岩头说："那个老德山和你这个小德山都还没有明白'末后'句的道理啊！"德山禅师听到雪峰的转告，把岩头叫进方丈，问他："你对我还有什么怀疑和不信任之处吗？"岩头把自己的意见悄悄对德山禅师说了，但没有任何人知道他给德山禅师说了些什么。以后德山禅师上堂说法，就与以往大不相同。岩头于是说："我为老和尚高兴，他终于懂'末后句'这一关键大法了。可惜他老人家只有三年的日子了。"过了三年，德山禅师果然圆寂。但这个"末后句"是什么？谁也弄不明白，于是就成了禅林中的一大秘密，许多禅师都以能否解开这个秘密作为自己"开悟"的标志。

这个公案难度极大，其中有许多疑点难以解释。其一，岩头是德山的学生，并且是得法弟子，他的这些作为，未免有"打翻天印"之嫌疑；其二，岩头向德山"密启其意"不可得知其中的内容；其三，为什么德山又似乎顺从了岩头的意思，以后说法有了很大的变化；第四，德山为什么会如岩头所预言的那样，正好过了三年就去世了。这个公案一出，不知难倒了多少禅客，北宋张商英的故事，就是其中最有名的一例。

宋哲宗的时候，张商英为江西漕运使（在宋徽宗时还当上了宰相），他酷好禅宗，在庐山为东林常总禅师所"印可"，平时常与禅僧们来往。因他学问好、官也大，所以自视甚高，平常一般的禅师他是看不起的，只推崇印可他的东林常总禅师。一次他到南昌，各大丛林的禅师都来迎接他，他也对禅师们分别作了回拜，最后才去拜会兜率悦禅师。兜率悦短小精悍，张商英听说他很聪明，但并看不起他，应酬似地说："听说禅师的文章做得不错。"兜率悦大笑说："长官真的瞎了眼，文章对我而言，如同禅对于长官而言，各是各的专长罢了。"言外之意，对文章我是外行，但对禅来说，你同样是外行。张商英哪里服这口气，就大肆推崇东林常总禅师以贬低兜率悦。但兜率悦也不买账，争了一夜。后来兜率悦真的不客气了，质问张商英："你说你开悟了，东林禅师又印可了你。那我要你平心而谈，在佛经中，在禅宗的公案中，有没有你没能理解的呢？"张商英在这个事上也还老实，想了一想说："我对'香严独脚颂'和'德山托钵'这两则公案还没有弄明白。"兜率悦说："真正开悟的人一通百通，你在这两个公案上过不了关，对其他公案的理解也未必正确。我且问你：只如岩头所说的末后句，是真有其事呢，还是虚有其事呢？"张商英说："当然真有其事。"兜率悦大笑而起，便回到方丈。张商英碰了壁，晚上在庙里睡不好，苦苦地思考这个问题。到五更时起床小解，不注意把尿盆踢翻了，"当"的一声中，忽然大悟，对那则公案也一下就明白了。于是作了一首偈子：

> 鼓寂钟沉托钵回，
> 岩头一拶语如雷。
> 果然只得三年活，
> 莫是遭他授计来。

穿好衣服，就到方丈去敲门说："我已经捉到贼了。"兜率悦说："赃物在哪里呢？"张商英默然不语。第二天见面，兜率悦看了他的偈子，说："参禅是因为众生的命根没有断，思维的惯性谁也难改，有点蛛丝马迹，就要顺藤摸瓜，所以禅宗才要你言语道断，心行处灭，来斩断这条命根。现在给您道喜，您终于是过来人了，但你要注意呀！在生命、精神的极细极微的地方，往往会使人不知不觉地又重新陷进去了。所以要继续修持，要保住它啊。"你看，参一个话头，也不是一件容易的事情。

默照禅同样是为了达到这一目的的。在禅宗内，其方法对各宗各派是通用的，但又各有侧重。临济宗在机锋、棒喝和参话头上最得力，而曹洞宗除在机锋上别具一格外，对棒喝和参话头则极少运用，而独标"默照禅"。默照禅也有一个成熟过程，药山禅师"兀兀地思量个不思量的"就是默照禅的原型，而洞山良价禅师的《宝镜三昧》，里面有许多可供"默照"的内容。到了南宋初，与大慧宗杲同时的天童正觉禅师，则把默照禅作为曹洞宗的主要修持方法而与临济宗大慧宗杲所提倡的"话头禅"各领风骚。

顾名思义，默照禅与戒定慧三学的定学有很深的关系，也与天台宗的"止观"大法有很深的关系。在外在形态看，几乎难以区分。默者，止也；照者，观也；默照就是止观嘛。但它却不是天台宗的方法，而是禅宗——曹洞宗独标的方法。因为默照禅的目的和禅宗内其他派别一样，都是为了"明心见性。"

前面曾经提到，在禅宗风行几百年后，教条主义的八股禅和未悟谓悟的狂禅在世面上招摇过市，士大夫们的"文字禅"也起了鱼目混珠的作用。南宋时禅宗的五宗七家，只有临济、曹洞两家存在并继续发展。他们分别提出话头禅和默照禅，就把"顿悟"的时间距离拉大了，没有相当长时间如法的修持过程，谁也不会承认你的那个"悟"的。有了这道关卡，自然会过滤许多"伪禅"。你要悟道么，就必须踏踏实实地刻苦用功。说到刻苦二字，默照禅与参话头都不是轻松的。我们看看天童正觉禅师的那个《默照铭》吧：

默默无言，昭昭现前。鉴时廓尔，体处灵然。
灵然独照，照中还妙。露月星河，雪松云峤。
晦而弥明，隐而愈显。鹤梦寒烟，水含秋远。
浩劫空空，相与雷同。妙存默存，功用照中。
妙存何存？惺惺破昏。默照之道，离微之根。
彻见离微，金梭玉机。正偏宛转，明暗因依。
依无能所，底时回互，饮善见药，挝涂毒鼓。
回互底时，杀活在我。门里出身，枝头结果。
默唯至言，照唯普应。应不堕功，言不涉听。
万象森罗，放光说法。彼彼证明，个个问答。
问答证明，恰恰相应。照中失默，便见侵凌。
证明问答，相应恰恰。默中失照，浑成剩法。
默照理圆，莲花梦觉。百川赴海，千峰向岳。
如鹅择乳，如蜂采花。默照至得，输我宗家。

> 宗家默照，透顶透底。舜若多身，母陀罗臂。
>
> 始终一揆，变态万差。和氏献璞，相如指瑕。
>
> 当机有准，大用不勤。寰中天架，塞外将军。
>
> 吾家底事，中规中矩。传去诸方，不要赚取。

这个《默照铭》，必须与石头希迁禅师的《参同契》和洞山禅师的《宝镜三昧》对照着来理解。不然，一般人会摸不着门径的，因为许多曹洞宗修持的方法，都归纳在其中了。如"回互"、"明暗"、"偏正"、"杀活"，如对曹洞宗不了解，面对这些名词真不知在说什么。有兴趣者自可以去专门研究一番，里面深沉得很。

默照的"默"，来自于《维摩诘经》，里面讲到文殊菩萨和几十位大菩萨与维摩居士谈论"不二法门"的故事。这些大菩萨甚至佛教中智慧化身的文殊菩萨，都一一对"不二法门"作了深刻的、理论性的阐述，但维摩居士不同意他们的看法，最后文殊菩萨请维摩居士谈什么才是"真正的"不二法门。当时维摩居士什么也没有说，只是"默然"。这时天女散花，文殊赞叹说："我们只是嘴上在讲不二法门，而维摩居士才真正达到了不二法门的境界。"这个故事，对中国佛教思想的影响很大。也和老子"道可道，非常道"以及庄子的这类思想相吻合，所以佛教内外大都以此作为评价优劣的标准之一，默照禅的默照，自然也来源于这个典故，当然汉化和丰富了其中的过程和方法。

总之，"默照禅"的方法是细腻的、更是稳妥的，它没有参话头的急迫感和紧张感，如同山中之幼木，自然会长成参天大树的。实际上，在近代的丛林中，禅师们大多都提倡默照禅，甚至念佛禅。这是因为近三百年来，佛学素质远远不能与唐宋元明时期可比，一般人连四谛、三法印、十二因缘都弄不懂，对六度波罗蜜、戒定慧、止观全没有如实的理解，在这样的情况下，让学人领略棒喝、机锋、参话头，其后果是可想而知的。默照禅的好处就在于平实而不走险路，既可与禅定止观相结合，又可以直通"向上一路"，使人明心见性。总之，曹洞宗没有临济宗那种英雄侠士、独往独来的猛烈，却如精耕细作的农夫，山林逍遥的隐士，绵密回互，妙用亲切。功效虽慢一些，但却可使人万无一失。

　　要知道，不论机锋、棒喝、参话头和默照禅，其终点都是一个，都是为了"明心见性"，要知道条条道路通长安的道理。你要参禅，就得先看看自己的特点和环境的条件，最好得有老师指导。不然，仅凭自己的热情看一些有关书籍，是不能彻底解决问题的。

　　对一个熟悉禅宗史的人来说，总会有这么一种感受，就是唐五代的禅宗生动活泼，而宋以后的禅宗则较为死沉。参话头和默照禅尽管有许多优点——也是当时为救弊而产生的。但总使人感到没有唐五代的禅有那么大的震荡力量，使人没有欢欣鼓舞的感受。是的，唐五代的禅是禅宗史上的异彩，如同唐诗宋词元曲和明清小说，各有各的历史地位而无法更改和补替一样。这一时期的禅宗也是不可能为后来的历史所更改和补替的。下面，我们再看儒道两家的一些妙境，以启迪我们的"灵气"吧！

面对生死时的超然和自在

　　生死这个问题，是摆在人类面前的永恒课题。人的感官和理性，由于其限定的存在和功能，似乎难于进入生前死后这一神秘的领地。基督教认为，人类的先人亚当和夏娃，只在上帝的伊甸园中品尝到智慧之果的滋味，但未能品尝到生命之果，所以生命的本质的存在，就成了人类认识的盲区，谁也别想进入。

　　是的，近代自然科学虽然迅猛发展，从解剖刀到超高倍电子显微镜，从常规生理学到遗传工程学，从简单的化学到复杂的生物化学，从心理分析到脑科学，从地球的生物化石到外星体的生命检测，人类无论在宏观上和微观上，都使用超亿万秒次的电子计算机进行研究，但对于生命现象的认识，并未能使人类迈出决定性的一步。今天的科学手段，足以使古人们瞠目结舌了，为什么对生命之谜束手无策呢？

　　人类，特别是西方的认识，对生命有个刻板的认识模式，认为一切生命现象，都必须具有我们所感知到的地球生物现象那样，具有有机体的物质结构。他们认为，在地球的进化中，自然地发生了生命，先是从无机物中产生有机物，再形成蛋白质，这些蛋白质如果发生了新陈代谢的作用，就是生命的开端，再通过无穷的进化和分化，就成了我们现在所感知到的生机盎然的地球生物群。在现代的先进实验室里，也曾有了人工合成生命的成果，但这些成果是有争议的，尽管对生命学上具有划时代的意义。因为对每个具体的人来说，这一类成果对于自我来说，是那么的遥远，而且毫不相干。人们可以在实验室里合成某种"具有生命现象的原质"，但却无可奈何地看到那些伟大人物，甚至平民百姓的死亡，也无可奈何地看到地球人口的爆炸，也无可奈何地看到大量生命物种的绝灭。

说到生死，人们最关心的莫过于自身了，自己的存在是压倒一切的。人的认识世界，也必须是从自我开始，然后延伸其半径。但问题在于，当今人类的认识半径是那么的大，已经达到了百亿光年之外的宇宙深处，但是对于自己的生死，却茫然无知。现代医学、药物学无论如何发展，对这个问题同样是束手无策的，医学和药物最多不过可以让人们极为有限的、象征性地延长一点点生命的时间而已。

人们当然可以说，生死是自然现象，是生命的必然形态。是的，当然如此，只不过说而无益。我是谁？我为什么会到这个地球上来？我为什么不能牢固永恒地把握自己的存在？真正热爱自己又善于深思的人是不会甘心的。古代的哲人，虽然没有现代的科学知识和手段，但他们对于生死这个现象的深思和研究，是值得我们留意的。他们的着眼点，不在于外部世界的生灭，而在于自我存在的依据，你如果找到了这个依据，你就可以认为你找到了破译生死奥秘的密码，找到了进入生死禁区的钥匙。

在古代中国，对生死有独到认识的首推庄子。庄子的文章中，体现了对生命（包括人生）的拥有和把握的那种自在和逍遥。他的认识突破了生命的禁地而自由欢畅，对后世有极大的影响，并是禅宗得以形成的催化剂。在禅宗形成之前，庄子对生命的认识是无与伦比的。庄子的文章，历来为中国文人所好。南宋叶适说过，自从《庄子》这部著作应世以来，人们普遍都爱好它，但却有四种不同的趋向：一是好文学的人，喜欢《庄子》文章之美；二是好道的人，喜欢《庄子》论道之深妙；三是厌倦人生的人，喜欢《庄子》超然脱俗；四是搞阴谋诡计的人，则利用《庄子》对人生险恶的深刻鞭挞中找出钻营诈骗的诀窍和伪装。当然，《庄子》中最有价值的当然是道——对生命——人生的阐述。下面试引几例。

庄子妻死，惠子吊之。庄子则方箕踞，鼓盆而歌。惠子曰："与人居，长子老身死，不哭亦足矣，又鼓盆而歌，不亦甚乎?"庄子曰："不然！是其始死也，我独何能无概（慨）然！察其始而本无生；非徒无生也，而本无形；非徒无形也，而本无气。杂乎芒芴之间，变而有气，气变而有形，形变而有生，今又变而之死；是相与为春秋冬夏四时行也。人且偃然寝于巨室，而我嗷嗷然随而哭之，自以为不通乎命，故止也。"（《至乐》）

夫大块载我以形，劳我以生，佚我以老，息我以死。故善吾生者，乃所以善吾死也。（《大宗师》）

且方将化（死）恶知不化（不死）哉？方将不化（不死），恶知已化（死）哉？（《大宗师》）

在《庄子》中，这种基调是多的，并延伸到"天地与我并生，万物与我为一"的境地。庄子的这些境界，若不是出于对生死的洞察，对"自我"的真知，是绝对谈不出来的。如果把庄子和魏晋南北朝的玄学作一番比较，就会使人感到庄子是本天之真，纯性之朴，达识之本，彻命之源。而玄学各大师则多由于环境的关系，对庄子进行外在化的模仿。所以历代都有这种认为：庄子是旷达，而玄学家们则隐私太多，故旷而不达。当死之降临在庄子头上时，你看庄子的态度是怎样的呢！

庄子将死，弟子欲厚葬之。庄子曰："吾以天地为棺椁，以日月为连璧，星辰为珠玑，万物为赍送。吾葬具岂不备耶？何以如此。"弟子曰："吾恐乌鸢之食夫子也。"庄子曰："在上为乌鸢食，在下为蝼蚁食，夺彼与此，何其偏也。"（《列御寇》）

面对生死的态度，除唐五代的禅师外，其他的是难以达到这种境界的。就对生死的认识而言，庄子认为，如追溯生的根源，那是说不清楚，也找不到的。因为对于"生"其始本"无生"。为什么呢！若从形质上来考察，生命并不等于肉体，尸体就没有生命。但有一个东西存在于大自然之中，"变而有气，气变而有形，形变而有生，今又变而之死"。这样一种生死形态是一个不可分割的整体，但人们却把这个整体人为地分割开来，认为生就是生，死就是死，其间有一条不可逾越的鸿沟。而没有看到生死如同春夏秋冬四时运行那样，只不过是"一年"中的四种不同形态而已。另外，生命来自大自然，又回归于大自然，从整体上看，原本没有差别的，又何必不明白这点而惴惴不安呢？是因为认识到了生命的这个奥秘，庄子在面对生死时才能表现出如此的超然、洒脱和从容，正因为认识和体验到"天地与我并生，万物与我为一"，所以才有"以天地为棺椁，以日月为连璧，星辰为珠玑，万物为赍送"这种令人倾倒的胸怀，就不像魏晋名士那样总显得牵强。

魏晋名士，首推嵇康，在当时，他几乎被认为是第二个庄子了。但他免不了落入"政治绞肉机"的悲剧之中。尽管在临刑前曾有"广陵散不复闻矣"的绝唱，表现出面临死神时的平静和泰然，但明眼人仍看得见其平静和泰然背后的凄楚。

海外学术界早就看到了，真正继承庄子思想和精神的人是唐代以来的佛教禅师，并认为"禅之启迪庄子，亦犹庄子之启迪禅学"。事实也确是如此。唐以来的禅师们，在面对生死这一人类至关重大的问题时，俨然就是庄子再生，并有所深入和扩展。

我们在前面的章节中反复谈到了生命——精神的那个"状态"和基点，这个"状态"和基点，套用庄子的话来形容，的确是"察其本也无生……无形……无气"，并有相应的，因外部环境而带来的种种"变化"。禅宗讲"本来面目"，讲"主中主"，就是达到了这样的把握，自然有充足的信心来面对生死，下面看几则公案。

德山禅师八十多岁时，得了一场重病，来探望他的人问他："在您这位病人身上，还有没有没有生病的东西呢？"德山说："当然有呀！"那人又问："那个不病的是什么呢？"德山于是大声呻唤道："唉哟！唉哟！日子难过啊！"

有个和尚问洞山禅师："寒暑（生死）到来时如何回避？"（超越）洞山说："你为什么不向无寒无暑处（不生不死的地方）去呢？"那个人问："哪里是无寒无暑的地方呢？"洞山说："就是那个寒时寒死你，

热时热死你的地方啊!"

一般的人不知道,生死是一个整体,老是陷在先有鸡还是先有蛋之类的徘徊中,不知道鸡与蛋是一个不可分割的整体,没有先后,谁也离不开谁,并相互以对方作为自身存在的依据。禅师们与庄子一样,对此有深刻的体验,才能这样纯熟而自然地表现出为人们难以理解的认识。

你看:

洞山将圆寂前一天,有个和尚问他:"您老人家已病成这个样了,对您来说,还有没有没有病的那个东西吗?"洞山说:"依我看来,那个东西的确一点病都没有。"洞山进一步问那个和尚:"如我们都把这个躯壳去掉,你能在什么地方与我相见呢?"

佛教对生死有著名的十二因缘教理,禅师们当然不会否认这个涉及佛教根本立论的教理。但禅师们立足于当下的解脱,自然趋向于对这个十二因缘的当下超越,在禅宗的公案里,有许多是直接面对生死的。如:

洞山禅师的寺庙中,有个和尚圆寂并火化了。这时,有个和尚问洞山:"那个被火化的到什么地方去了呢?"洞山说:"那你就去看看火灰上残存的焦茅草吧。"再如:

唐代道吾宗智禅师带着弟子渐源到一个朋友家里去赴丧事。渐原指着棺材问:"这位先生到底是生了,还是死了?"道吾说:"对这个问题我是不会向你解答的。"渐源说:"您为什么不给我说呢?"道吾说:"不说就是不说。"在回来的路上,渐源说:"今天非给我讲个明白,不然,我可要打你。"道吾说:"要打我,我没办法,但我还是不会给你说。"渐源急了,就把老师痛打了一顿。这下闯祸了,庙上不依,就把渐源赶出了寺庙。三年后,他终于明白了这个道理——他开悟了,他非常感谢道吾当时没有向他解答——这必须是通过自己体验才能得到的。但那时道吾也圆寂了,渐源的师兄石霜庆诸接任了方丈。石霜见到他就问:"以前你打老师的公案了结了吗?"渐源说:"却请师兄下一转语。"石霜说:"我与老师一样,你打死我我也不说。"渐源于是拿了一把铁锹,在法堂上东挖一下,西挖一下。石霜说:"你在干什么呢?"渐源说："我在找老师的法体啊！"石霜说："老师已消失在无穷无尽的时间和空间里了，你看时间如浪潮一般汹涌澎湃，铺天盖地，你又到哪儿去找他呢？"渐源说："正因为这样，我才用力去找啊——这不是已经找到了吗！"

生与死是生命存在整体现象中的两个面，生命能否超越这两种形态呢！禅宗认为，这不是需要在理论中证明的问题，因为理论在其中必然寸步难行。生死是"自我"的问题，他人的生死毕竟只是"自我"认识中的对象而不是我自身。而"我"生、"我"死是自我的过程，是"我"产生的现象而非"我"的本质。我们再看：

有个和尚问云门文偃禅师："生死到来的时候如何摆脱呢？"云门禅师说："请你把生死还给我！"

一般学佛的人当然是为了解脱于生死而达到对生命的自由，但这个自由怎样才能达到呢？禅宗认为，对生死的解脱并不是在生死之外，而应该在生死现象本身中得到。人是生死的承受者，也是挑战者，也应是自由者。不在这上面下功夫，而指望把生死丢开，谁又丢得开呢？从历史上看，释迦牟尼佛也没有回避生死啊，历史上哪一位伟大的禅师又从生死中躲开了呢？但他们与庄子一样，对生命的洞彻，对生死的通达，却使人们感到振奋，感到战胜生死的力量。生死问题，是佛教的主题，尽管佛教在理论上对三世因果、六道轮回有生动、丰富的解说，但一般人在现实的生活中无法实际地有所体会。所以，包括许多僧人也常为这个问题而苦恼。禅宗认为，生死是我的一种感受，"我"存在于我的感受之中。这个感受——对自我存在的感受，是超越了过去未来，包括生死的、现实的存在。禅师们特别注重这种感受，并在修行中加以凝固并使之恒久。所以在禅宗内，常有"父母未生前"、"死了烧了后"等种种设难，强化你的"现在"感受，并把这种感受突破过去未来，突破生前死后。这样，在方法上，禅宗就超越了庄子，达到了在历史中它应该得到的高度。

进入大道的门户

本书中的许多章节，都是一环套一环的。对同一个问题，则从不同的侧面，不同的角度上谈的，从不同的层面上看实在了，这个问题就较为清晰了。

在中国的历史文化中，无数知识分子追求的不是科学。在士大夫们眼中，方技是日用之事，而中国人强调"日用之谓道"，本来应该堂而皇之地予以提倡。不过方技毕竟不如"学而优则仕"，知识分子好的是"大道"。这个"大道"，进可以治国平天下，退可以成佛成仙，至少可以当一名优哉游哉的隐士或名流。总之，方技百家，都归于庶民百姓。

这不是评论中国历史上"道器"之辩，但在中国历史上，"形而上者谓之道"，总是处于优势地位；而"形而下者谓之器"，总是处于劣势地位。所以在古代中国，对"道"的研究就超过对"器"的研究。不论对儒、对释、对道，古代的知识分子只有一个共同的追求，这就是——道。但道又是什么呢？对于这个问题，我们先看道家的祖师是怎么说的。在《道德经》的第一章中，老子明明白白如此说：

> "道"，可道，非常道；"名"，可名，非常名。"无"，名天地之始；"有"，名万物之母。故常"无"，欲以观其妙；常"有"，欲以观其徼。此两者，同出而异名，同谓之玄，玄之又玄。（标点是作者加的）

　　这一章是全部《道德经》的总纲和枢纽，以后八十章的开合，全都源出于此。对这一章，古今中外的学者所论甚博，但应该做怎样的理解才是正确的呢？

　　学习《道德经》必须首先明白的一点是，这部著作是写给那些"修道"的人看的，还不仅仅是"看"或"学习"，而是让那些于道"有心者"进入道的大门的。因为仅用人们思维程序或经验来"研究"《道德经》、研究道，那所得到的必然是肤浅和表面的。要真正进入《道德经》的堂奥和体会大道，必须用"非常"的方法。而在整个八十一章的《道德经》中，就贯穿着这种"非常"的方法。真正的"有心"人，对道锲而不舍的"行者"，是不难从中发出会心的微笑。但对于那些惯于驰骋于思想和文字领域的人，则难以捕捉到其中的妙处。在这里，我们结合《庄子》，结合禅宗，来对《道德经》的这一章作一些正面、反面或外面的衍托，或许会起到意想不到的作用。

　　面对人生宇宙，善于思考的人总是在寻找自己和宇宙的根本存在或终极存在，这个存在是什么？对此，哲学和自然科学的回答是多样的，但道家的回答则只有一个——道。但道又是什么呢？它又在什么地方呢？我们又怎样才能把握它呢？对这个问题，古往今来，不知多少人为之消瘦，也不知建立了多少的"法门"。但门径的人处在哪里？当然，与《道道经》最默契、体会最深刻、发挥得最好的莫过于庄子，庄子对道的描绘是：

　　　　夫道，有情有性，无为无形，可传而不可受，可得而不可见。自本自根，未有天地，自古以固存。神鬼神帝，生天生地，在太极之先而不为高，在六极之下而不为深，先天地生而不为久，长于上古而不老……（《大宗师》）

　　在庄子的这一段论述中，熟悉禅宗的人会有似曾相识之感，因为这与禅宗对"禅"的描绘太相像了。如"自本自根"这一句，对照六祖惠能大师大悟时所说的：

何期自性，本自清净！

何期自性，本不生灭！

何期自性，本自具足！

何期自性，本不动摇！

何期自性，能生万法！

六祖这一段话清楚明白，可以说是对庄子的最好的概括。一个"本自具足"，概括了庄子"自古以固存"以上的那段；而"能生万法"，则概括了以下的那段。另外还从"本自清净"、"无不生灭"、"本不动摇"三个方面加强了对那两方面的领会。

在这里可以看到，道是内在的，不是外在的。庄子谈"自本自根"，六祖谈"自性"，都指明了这个内在性。当然，再引申地说，严格地说，还应是非内非外的。"自本自根"、"神鬼神帝"、"生天生地"表明了道既包容了精神的主观性，又包容了客观的物质性，同时又超越了两者。在这里，还应明白一个问题：道既然是"天地之始"，又是"万物之母"——这可是历史的起点，如同百亿年前宇宙大爆炸的那一刹那，我们又怎么能返回到这个史前的、或先天的道的存在的那种状态中去呢？如果这样，任何人都没有修道得道的可能性了，因为任何具体的、存在着的精神——生命实体，都绝对不可能超越这个宇宙演化的时间程序的。这个"自性"和"自本自根"有那么大的时间和空间的容量吗？是吹牛皮的吗？对这一要害问题，老子和庄子似乎没有留心，在他们的著作中也找不到现成的答案。但六祖及以后的禅师们，终于找到了这个答案，这个答案，就是在任何人精神、思维中的那个"现在"的"状态"。

在唐代禅师们的修行实践中，特别强调"当下"、"即今"及"现在"这一时间范畴的心理感受。如：

僧问马祖："如何是西来意？"师云："即今是什么意？"

（大梅法常禅师）初参马祖，问："如何是佛？"马祖曰："即（现在的）心即佛。"师即大悟。

（大珠慧海禅师）初参马祖，马祖问："从何处来？"曰："越州大云寺来。"

马祖曰："来此拟须何事？"曰："来求佛法。"马祖曰："我这里一物也无，求什么佛法？自家宝藏不顾，抛家散走作么！"曰："阿那个是慧海宝藏？"马祖曰："即今问我者，是汝宝藏，一切具足，更无欠少，使用自在，保假我求！"

马祖这样的问答太多了，而六祖大师也先就有这样的教法。六祖在五祖处得到达摩衣钵南下，在大庾岭被惠明和尚追上，要抢衣钵。但惠明自知无能，求六祖说法，六祖说出了那极其著名的一段话：

慧能云："汝既为法而来，可屏息诸缘，勿生一念，吾为汝说。"明良久。慧能云："不思善，不思恶，正恁么时，哪个是明上座本来面目？"惠明言下大悟。

"正恁么时"——就在"现在"这个时候啊！禅宗这类用法太多了，那些"言下大悟"、"顿悟"都必是在"现在"这一精神状态中完成，离开了"现在"的这种意识状态，一切都是无法谈起的。我们面对的一切，不论基本粒子或是大宇宙，不论是心或者是物，决不能离开每个人自己的那个"现在"与"我"这一时间点和主人公，这可是一切事物开展、演变的枢机，也是阴阳裂变前的太极图，我们面对的一切，失去了这个支撑点就会全都失去依据。

所以，"现在"这一时间感受和修行者本人的"自我"融为一体，就使六祖的"自性"和庄子的"自本自根"融为一体，也和道融为一体。在古代禅、道大师和儒学大师们那里，时间、空间、宇宙只不过是心的一个部分现象而已，如陆九渊的名言就是："宇宙便是吾心，吾心便是宇宙。"佛教世界观归根的认识就是"三界唯心，万法唯识"。这些感受和认识，打破了分段时间现象对道所形成的壁障，使修行者能够从"我"入手，从"现在"入手，从而进入——回归大道。

但这个"现在"却不自觉地被人们缩小来成为对时间和空间进行分割的利器，而形成了过去、现在、未来三个部分，不知道过去和未来，都是必须经过"现在"这一关的，不知道过去中有"现在"，未来中也有"现在"，不知道这个"现在"是"竖穷三际，圆裹十虚"的。人类的文明，不是在每一个人的"现在"中创造出来的吗？我们研究过去，也必须在"现在"中研究；我们规划未来也必须在"现在"中规划；我们参禅悟道，也必须在"现在"中进行。谁能把自己的那个"现在"推得到另一个地方去呢？西方著名的历史学家克罗齐教授的名言"一切历史都是现代史"的论断，就是看到了这一点。

"现在"是什么呢？当然不是过去，也不是未来，它是我们精神、心理和思维的一个"状态"。"现在"是什么呢？它是空，里面什么也没有，如果有什么的话，就会产生阻碍和壅塞的作用，使事物不能在其中得到正常的运行。"现在"是什么？它又是有，并具有一切，因为万事万物必须在它的怀抱中显现。我们无时无刻不沉浸在、激动在这个既空又有的精神状态中。你能品尝到其中的妙趣和真谛吗？把握了这一关键，对于道、对于道的其他内涵，就不难理解了。

对《道德经》第一章的"可道，非常道"，"可名，非常名"又应作怎样的理解呢？在前面的章节中，我们已经有过一些解释，这里再谈一下。庄子说："既已为一矣，且得有言乎？既已谓之一矣，且得无言乎？"（见《齐物论》）庄子认为，这个问题本来是极其明白的，作为宇宙本身，大道本身，它就是它，不存在认识与被认识的矛盾，也无所谓认识与被认识这一层关系，它们是完整的"一"，但作为人来说，作为人的认识来说，也必须会，也应该产生相应这种认识，而不应否认这种认识，如同不能否定水潭中所反映的那个月亮的存在一样。但毕竟水潭中的月亮不等于天上的月亮，人对宇宙和大道的认识也不等于宇宙和大道本身。这里本来是界域分明的两层关系，但古往今来不知引发了多少争议。所以认识有认识的领域，有认识存在的根据不能轻易地加以否定。这在佛教的体系里属于"世谛"——世间真理。但修道的目的在于对道本身的体验和把握，这毕竟不是认识所能统治的领域，认识也只是宇宙——生命——精神现象中的一个现象、功能而已，毕竟不是宇宙——生命——精神本身。要进入大道，必须在认识之外或认识之上找到一种与道同一的方法。如果这种方法与道是平等的、同一的，那么这个方法就是大道本身了。这在佛教的体系里属于"真谛"——出世间的真理。这里，我们再一次引用南泉与赵州的对话：

> （赵州问南泉）："如何是道？"泉曰："平常心是道。"州曰："还可趣向也无？"泉曰："拟向即乖。"州曰："不拟争知是道？"泉曰："道不属知，不属不知。知是妄觉，不知是无记。若真达不疑之道，犹如大虚，岂可强是非耶！"州于言下悟理。

这里要补充一点就是：平常心是道，这个平常心，就是我们时时刻刻都处于"现在"的那个精神和心理的那个"状态"。对这个"状态"，已经从浅到深地多次描绘了，这里就不多说了，关键在于自己的领会。这则禅宗公案所显示的意趣和方法，在《庄子》里屡见不鲜，作为帮助对《道德经》第一章的理解是贴当的。这里解决了对"可道，非常道"、"可名，非常名"的疑难，也解决了对"常有"和"常无"的疑难，也解决了对"同出而异名"的疑难。一个"平常心是道"——这个为众多著名禅师所乐道，并作为"老生常谈"的人的"现在"的精神状态，就把《道德经》的第一章，庄子的有关阐述和六祖的"自性"统统包容在其中了。在这里，那个"玄之又玄"的"同"或"道"，不是很充实地回荡在每一个人的心中吗，这不就是那个"众妙之门"吗！由于有了"这个"，佛禅和仙道中所说的"顿悟成佛"、"即身成道"才有所依据。禅宗内许多"言下大悟"的公案，在《庄子》中也有不少生动活泼范例，如：

> 啮缺问道于披衣，披衣曰："若正汝形，一汝视，天和将至；摄汝知，一汝度，神将来舍。德将为汝美，道将为汝居。汝瞳焉，如新出之犊，而无所求故……"言未毕，啮缺睡寝。披衣大悦，行歌而去。（《知北游》）

披衣和啮缺的这一席话及其作用，与前面所引的南泉与赵州的对话不是极为相似么？只不过一是以道家的语言特点说出，一是以禅家的语言特点说出。再说"常无"、"常有",如果没有那个能"正汝形"、"一汝视"、"摄汝知"、"一汝度"的主人公的那个"平常心",又是谁在"常有"、"常无"呢?又是谁在"正"、"一"、"摄"呢?如果没有这点,别说是修道,人世间的一切认识和行为活动都无从得以展开。如果进一步联系到佛教"缘生"的学说,就可以更清楚看到这一点:

> 物从因缘,故不有;缘起,故不无。

这不就是那个"常有"、"常无"吗?

读《道德经》,读《庄子》和禅宗公案,最忌寻章摘句,也用不着因为有"玄之又玄"一类的语句而使自己的头脑也玄乎起来。看这一类的作品,不仅要看到其中的哲学和智慧,更应当把握住其中的气象,并与自己的那个"平常心"相融合。如读《周易》,若陷在六十四卦中不能自拔的人,他与《周易》有什么关系呢?要知道,《易》也还是自己,还是自己的那个平常心,你站稳了这个脚跟,对于道才会有主人公的感受。王阳明就说过:"是故易也者,志吾心之明阳消息者也。"就会有如《易·乾文言》所描绘的那样:

> 夫大人者,与天地合其德,与日月合其明,与四时合其序,与鬼神合其吉凶。先天而天弗违,后天而奉天时,天且弗违,而况于人乎?而况于鬼神乎?

这不是英雄气概,也不是哲人的睿智,仍然还是那个我们人人俱具的那个"平常心",而我们无时无刻不处于这种状态之中,只是自己意识不到罢了。不然,佛教凭什么说"一切众生皆有佛性,皆可成佛"呢?不然,孟子凭什么说"人皆可为尧舜"呢?王阳明更凭什么说"满街都是圣人"呢?

所以,人生宇宙的全部奥秘全都凝聚在这一个"现在"的时间点上,凝聚在我们的"平常心"上——合而言之,就是我们"现在"的这一念的"状态"之中,这是禅宗和道家的秘密所在,这可是局外人不知道的,开启大道之门的钥匙。

老庄易禅杂谈

　　魏晋南北朝时《老子》（即《道德经》）、《庄子》和《周易》被士大夫们所偏爱，被称之为"三玄"。那个时期对这"三玄"的研究和成果则通称为"玄学"。魏晋南北朝时期的玄学，在它之前的先秦诸子、在玄学之后的隋唐佛学、宋明理学，被称为中国思想史中的四个高峰的时代，是群星灿烂的时代。但对这四代思想的评论中，最有争议的莫过于玄学了。第一点，那是中国历史上最黑暗和痛苦的时代，玄学对此是否应负有责任。第二点，玄学中的三玄，对《老子》、《庄子》和《周易》三学来说，到底是深化了还是异化了？第三点，玄学在佛教的传入和消化过程中，其作用到底如何。这些是哲学史、思想史中的疑问，不是我们所谈的目的。这里摘取《老子》、《庄子》、《周易》和禅学中的一些片断，结合读者们自己的那个"灵知"，共同来体会"道"应该是怎么一回事，结合自己的那个"灵知"，让自己确认中国历史文化在现代社会中的作用和意义。

　　前面我们曾选了《道德经》的第一章，结合了《庄子》、《周易》和禅宗谈到了"现在"。这里我们以同样的方法，来看看我们的那个"主中主"、"本来面目"的"灵知"之性。在《道德经》的第四章这样说道：

　　　　道冲，而用之或不盈。渊兮，似万物之宗；（挫其锐，解其纷，和其光，同其尘。）湛兮，似或存。吾不知谁之子，象帝之先。

括号中的文字与《道德经》的第五十六章同，其义与彼章贯通而不同于此章，于此就不作理会。《道德经》的这一章与第一章相对应，又一次对道和那个"众妙之门"作了一番描述。但这个描述却是其功能的那个"状态"，而且是结合修行者自身的感受而言的。

当我们面对宇宙、面对大自然时，不能不对这个伟大的造化发出由衷的赞叹：四时行焉，万物育哉！它什么也不是，却产生了一切，并且不知疲乏地、不停地、永恒地"生生不已"。这个"生生不已"的造化，展现给我们的当然不是凝固的、呆板的、单一的世界，而是五彩缤纷、变化无穷、不断更新、永不重复的。万物出于它、没于它，而它却深不可测，似有似无，却永葆其青春与活力。

当我们回过头来面对自己的时候，也不能不对这个"现在"灵知的"我"发出由衷的赞叹：它也什么也不是，却同样为"我"的世界产生了一切，同样不知疲乏地、不停地、永恒地"生生不已"。把"我"和"现在"融为一体的这个灵知，展现给我们的仍然不是凝固的、呆板的、单一的世界，同样是五彩缤纷、变化无穷、不断更新、永不重复的世界。我们的一切也是出于它、没于它，而它仍然是深不可测，似有似无，同样是永葆青春与活力。

这两者可以重合吗？当然可以，大道只有一个，是"不二"，只不过被人的认识分割成了这两大部分。

对茫茫的宇宙，对辽阔的自然，人们的认识永远又处在庄子所说的"吾生也有涯，而知也无涯"的状态中。也处于爱因斯坦所说的，已知的半径越大，所触及的未知空间也越大；已知的半径越小，所能及的未知空间也越小的这么一种矛盾状态中。这是笑话吗？不！这是主观与客观之间的"相对论"。要解决这个矛盾，跨越这条鸿沟，庄子提出了他的方法，这个方法就是：

> 无思无虑始知道，无处无服始安道，无从无道始得道。（《知北游》）

这是道家独特的"入道"方式，与禅宗的"言语道断，心行处灭"

如出一辙。进一步说，只有这个"无"，似有似无的"无"，才能源源不断地为我们产生出一切。而当认识之光反过来注视和审核它的时候，它却又如一团轻烟，恍恍惚惚地不可捉摸，乃至消失不见。无怪北宋某个禅师在描绘这个境界和状态时说："我当时如在灯影里行相似。"马祖更直截了当地说："我这里一物也无，说什么佛法。"更多的禅师们更干脆地表示"不说，不说"，或"描也描不成，绘也绘不就"。

　　中国先哲们在探索人生宇宙的奥秘时，眼光是宏大和深邃的，他们从不把眼光停留在现象上，而是拨开现象去把握隐藏在现象后面的、产生现象的那个根源。古代圣哲们也不是把眼光停留在片面和局部之处，一开始就从人生宇宙的整体结构入手，"法天则地"、"道法自然"、"天人合一"，这是中国古代圣哲们探索其理的原则。他们看到了人生宇宙是一不可分割的整体，也看到了整体的和谐对人生的重大意义。在中国传统文化中，不论儒释道三教或医药方技等百家，无不以这一原则作为自己的指导。从《周易·系辞》中表现出来的，不正是这么一幅图画吗：

　　　　易与天地准，故能弥纶天地之道。仰以观于天文，俯以察于地理，是故知幽明之故；原始反终，是故知死生之说；精气为物，游魂为变，是故知鬼神之情状。与天地相似故不违，知周乎万物而道济天下……范围天地之化而不过，曲成万物而不遗，通乎昼夜之道而知，故神无方而易无体。

　　从这里，我们还可以看到《道德经》和《周易》的微妙区别："易与天地准"，道当然也与"天地准"。但道还不仅仅"与天地准"，而且还"生天生地"、"象帝之先"。这个道，包容了《周易》里所含容的一切，却不停留在这个主观和范畴之中，它用不着你去"仰观"、"俯察"，以求得真"知"。《周易》强调"圣人所以极深而研几也"，"君子自强不息"。并在行为中做到"知崇礼卑"、"崇德广业"。而道家认为这一切只是大道运行的一个方面而已，甚至对这个道也用不着去学习和效仿。道家认为，"人法地，地法天，天法道，道法自然"都是属于

"有为"的，因为还有"法"这一功用，而最高领域是"无为"的，只有"无为"，才能"无不为"，所以庄子说：

> 不知深矣，知之浅矣。弗知内矣，知之外矣……余能有无矣，而未能无无也。及为无有矣，何从至此哉！（《知北游》）

"无"作为宇宙的本体，但这个"无"在人的认识中，仍然有着强烈的主观精神成分，所以还不是根本意义上的，真正作为宇宙本体的那个"无"。只有"无无"——把主观精神所产生的那个自以为是道的"无"去掉，达到"无无"，才能最终与道同在。在这点上，禅宗与道家是同调的，如：

> （严阳参赵州），问："一物不将来时如阿？"州曰："放下着。"曰："既是一物不将来，放下个什么？"州曰："放不下，担起去。"严阳言下大悟。（《五灯会元·卷四》）

再如唐末广东雪峰义存禅师，看到上山打柴的僧人带回一条树枝，这条树枝极似一条活蛇。于是雪峰就在树枝上刻了"本自天然，不假雕琢"这么几个字，并派人寄给长庆大安禅师。大安禅师看了题字，批评雪峰说："本色住山人（本色道人），且无刀斧痕"——你又何必画蛇添足呢？在这里，雪峰故意弄巧成拙，意在试探大安，而大安却眼不容沙，直接批评。这两个禅师这么一唱一和，更加强烈地向人们表达了禅的信息——把那个空也彻底地空掉吧！

道家与禅宗一样，他们的方法，既有"无言"又有"有言"，并以"有言"来表现那个"无言"。所以庄子说："既以为一矣，且得有言乎！既已谓之一矣，且得无言乎！"表现了高度的灵活性。《周易》也明白"有言"之难，所以结合着卦、象、意来表达；如《系辞》借孔子的话说：

> 子曰："书不尽言，言不尽意"，然则圣人之意其不可见乎？子曰："圣人立象以尽意，设卦以尽情伪，系辞焉以尽其言，变而

通之以尽利，鼓之舞之以尽神。"

这里仍然和道家、禅宗的方法有一定的差别，所以到了曹魏时的玄学大师王弼，本着道家的宗旨，提出了"扫象谈易"的口号，把对《周易》的研究，推向了一个新的高度。他说：

> 夫象者，出乎意者也，言者，明乎象者也。尽意莫如象，尽象莫如言。言生于象，故可寻言以观象；象生于意，故可寻象以观意。意以象尽，象以言著。故言者所以明象，得象而忘言；象者所以存意，得意而忘象，犹蹄者所以在兔，得兔而忘蹄；荃者所以在鱼，得鱼而忘荃……故立象以尽意，而象可忘也；重画以尽情，而画可忘也。(《周易略例·明象》)

所以，对道的领会是艰难的，人习惯于自己的认识程序，非通过认识的判断才得以认可。可是这个作为宇宙的终极存在的"万物之宗"，却处于模糊的认识状态——"湛兮，似或存"，连老子也不知道它是什么，并且说："吾不知其谁之子，象帝之先。"这就与思维的根本性能相冲突，思维要求概念必须有清晰、准确和严密的规定性，但"似或存"能告诉思维什么内容呢？这只不过是人的精神中可能出现的一种朦胧感受而已。可是千万别误解——我们谈到的那个"众妙之门"、"主中主"、"现在"的那种感受和"状态"，不是无时无刻地在我们胸中"似或存"吗？不正是如此自觉或不自觉地展开着它的全部功用吗？借用《周易》的话说："乾以易知，坤以简能。"这种"简易"的"知能"，不正是对它最好的说明吗？"简"，简得不简；"易"，易得不能再易，纯之又纯，粹之又粹。说它有，它又小得"无内"；说它无，它又大得"无外"。它可以产生和创造一切——"是是"；又可以批判和否定一切——"非非"，全部时间、空间、物质、精神都是他的子民和奴仆，但又一起平等地和睦相处。它又什么都不是，永远处于事外的超然自在之中。而人们又怎样才能把握住这个大道呢？唐代圭峰宗密大师在《禅源诸诠集都序》中说：

了此天真自然，故不可起心修道。道即是心，不可将心还修于心；恶亦是心，不可将心还断于心。不断不修，任运自在，方名解脱。性如虚空，不增不减，何假添补？但随时随处息业，养神圣胎，增长显发，自然神妙，此即是真悟真修真证也……空寂之心，灵知不昧。即此空寂之知，是汝真性。任迷任悟，心本自知，不藉缘生，不因境起。知之一字，众妙之门。

圭峰大师在这个"众妙之门"，指明就是人人所具的"知"。这个"知"不是指人们的认识，而是指的我们能进行认识活动所处的那个"状态"——精神心理和认识的这种"状态"，是任何人都无条件"自知"的，所以才是"不藉缘生，不因境起"，才会"自然神妙"。决不能与一般常识中的那个"知"混淆，不然就失去其意义了。如果我们借用圭峰大师这个意义上的知，来对《道德经》的第四章作一个补充性的修正，就可以清晰地明白这个意义了："知"冲，而用之或不盈。渊兮！似万物之宗；湛兮，似或存。吾自知谁之子，象帝之先。

《庄子》是一部奇书，历来受到人们的尊崇，也受到不少的非难。庄子的寓言不好读，里面有不少难解的东西。如果能以禅宗的"参公案"的方式，对这些寓言"参"上一"参"，定会得到许多平常见不到的一层意味。如《秋水》中庄子与惠子观鱼一则，其中的是非多年来争论不清，若结合"参禅"一看，里面的道理是很明白的。我们来看看这一则。

庄子与惠子游于濠梁之上，庄子曰："鲦鱼出游从容，是鱼之乐也。"惠子曰："子非鱼，安知鱼之乐？"庄子曰："子非我，安知我不知鱼之乐？"惠子曰："我非子，固不知子矣；子固非鱼矣，子之不知鱼之乐全矣！"庄子曰："请循其本。子曰：'汝安知鱼乐云'者，既已知吾知之而问我，我知之濠上矣。"

在这里，庄子和惠子的见解谁正确呢？如果仅从常规的认识论来做推理的话，那么他们全都是不可知论或相对论。但人的认识和情感并不是认识论就可以完全涵盖的，认识论有认识论的局限。若以禅观的方式来看这一则故事，意味就变了。庄子在桥上观鱼时，他和鱼没有区别和彼此的界限，庄子就是鱼，鱼就是庄子，他们之间是融通的，所以庄子说"是鱼之乐也"。而惠子是把人和鱼分割开来。人是人，鱼是鱼，这一分割，就形成了一条不可逾越的鸿沟，不仅鱼与人之间不可以沟通，人与人之间也不可以沟通，所以必然又会出现"子非我，安知我不知鱼之乐"这样的悖论。而认识一陷入悖论，就会寸步难行。

无独有偶，日本铃木大拙博士在他的《禅学讲座》里，也有一个类似"濠梁观鱼"的介绍。人物不是庄子和惠子，而是日本的诗人芭蕉和西方诗人但尼生，对象不是鱼而是一朵花。芭蕉咏花的诗是：

> 当我细细看，
> 啊！一棵荠花
> 开在篱墙边！

但尼生的诗是：

> 墙上的花
> 我把你从裂缝中拔下——
> 握在掌中，拿到此处，连根带花，
> 小小的花，如果我能了解你是什么？
> 一切一切，连根带花，
> 我就能知道神是什么。

铃木大拙认为，在芭蕉的诗中，芭蕉本人和花是一体的，芭蕉就是花，花就是芭蕉。其中体现出整体的、合一的、不区分的、直观的、非推论的、精神上个体化的等等这一类感受。而但尼生的诗中，但尼生和花是分离的，人是人，花是花，人在认识花。其中表现出分析的、概念化的、割裂的等等感受。这两种对待花的态度，与庄子和惠子对待鱼的态度简直一模一样。芭蕉就是庄子，但尼生就是惠子。无怪乎铃木大拙对庄子那样尊崇，他是深知庄子的，是庄子不可多得的知己啊！

在"濠梁观鱼"的故事中多次提到了这个"知",每一个人若能不凭借理性之知,而与这个"知"融为一体,那么,这个"知"就会如我们在前面所说到的那样,从一细微的光束变成明亮的火烛,成为自己的"心灯"。要做到这一点,就不能如惠子或但尼生那样用理智去获得,而要用我们的"心",全体的这个"心"去感受,而且必须是"言语道断,心行处灭"之时,这个"心灯"才会被点燃,这时你就会如实地感到神会大师所说的"知之一字,众妙之门"的意义了。

生活中的大圆满法

俄国的车尔尼雪夫斯基说过，生活就是美。这真是不朽之言。对一般人而言，生活是酸甜苦辣的多味人生，怎么会是美呢？这当然与个人的人生观、世界观，个人的修养和素质分不开。孟子说："充实之为美。"一个人如果内心充实，他对生活就没有挑剔，不论顺逆得失都不会放在心上，我行我素，独往独来。这样，无论顺逆得失、酸甜苦辣都会是别有一番情趣，不会向一般人那样，有得就喜，有失就忧，好吉恶凶，内心总是处在不安宁的状态中，对生活怎么会无条件地感到美呢？

孟子所讲的这个充实，就是儒家所说的仁义礼智信这种种的美德在人们内心中的集聚，这个集聚到了一定程度，就成了"浩然之气"，并且至正、至刚、至大。这种"浩然之气"荡漾于人们的心中，就能不为外物所动，而外物——外在环境还会受你的影响。所以孟子并不停留在"充实之为美"上，还进一步要人们做到"充实光辉之为大，大而化之之为圣，圣而不可知之为神"。一个人的内心世界得到了充实，他就是完美的人了，对他来讲，在生活中就可以"乐天安命故无忧"，一切都是美的。但这只是停留在对个人上，只能是"独善其身"，而儒家的目标是"治国平天下"，所以还必须"充实光辉"——让这个美从自己身上流露出来，显现其光辉，使周围的人都能受这个"光辉"的感染。这样，这个美的半径就扩大了，大家都能瞻仰美的"光辉"，社会才有正气和希望。再进一步就"大而化之"，这个美的半径不仅扩大了，使周围的人得到感染，还要让他们得到改造，使人人都感到充实，都体验到完美的滋味，这就是圣人的功绩了。如果这种"大而化之"是在潜移默化的过程中完成的，那些受到美的感染和改造的人还不知其所以然，也没有那种狂热的感恩思想而把你崇拜成圣人，甚至不知道是你的力量传布了这个美的福音，这就是"不可知之为神"了，这可就达到了天地造化那样的力量，"神"了。这可以称之为儒家中的生活大圆满法。

"大圆满"本来是佛教用语，用来赞叹佛的"阿耨多罗三藐三菩提"——无上正等正觉，这是唯一真正的大圆满。不能达到这种程度的则不能称之为大圆满，因为总有不足之处，在西藏密教中，大圆满法也是一种极高的密法，没有达到相当火候的人，是没有资格修持这一大法的。

禅宗则不然，六祖大师说："何其自性本自具足"——你本身就是大圆满。马祖在回答大珠慧海的提问时说："即今问我者，是汝宝藏，一切具足，更无欠少，使用自在，何须向外求觅?"马祖的看法更是明白无误。从禅宗内走出来的人，深知人生宇宙的真实相，深知自己就是无上的大圆满。所以永嘉大师在《证道歌》中说："行亦禅，坐亦禅，语默动静体安然。"在禅师们的心胸中，的确没有什么不完满的，值得遗憾的事。在"文化大革命"中，许多居士看到寺庙被关闭了，许多佛菩萨塑像被毁了，常常暗地里痛哭流涕。有一位老禅师对他说："你们太糊涂了，作为佛弟子，不懂佛法的道理，应该忏悔，应当精进，怎么会如此脓包，还会哭呢? 佛不是说过：世间与我净，我不与世间诤吗? 佛法尚且不是佛法，凡所有相皆是虚妄，你们把佛法学到哪里去了，学会会哭这一行吗?"真的，达到了禅的境界，喜怒哀乐可入不可入都是多余的话，"我即众生，众生即我"，"我即生活，生活即我"，一切都会在其中圆满的。

《菜根谭》是部妙书，里面有不少禅语、老庄语，如"宁居缺，不居全，宁居无，不居有"就深蕴玄机，灵转活泼。以佛法看，缺与全不二，无与有不二，本是无差别的、互补的和圆满的。只要你不在其中起分别心、取舍心，无论你居在哪一头，其对立面都会与你和谐相处而不成其为对立面。你若在其中起了分别心、起了取舍心——生活中根本没有什么十全十美，生活中永远都有对立面。这一下你完了，无穷的烦恼就随之而来，够你麻烦的了。心生种种法生，心灭种种法灭。你那个分别心、取舍心、贪求心不死，你就得不到大圆满。这些心若死了，生活中的一切自然就圆满了。所以，就这一念之差，天地的颜色都会有所不同。佛教特别强调念头，更特别强调"当下一念"，除了让你明心见性外，后一层的意义就在于让你安坐于大圆满之中。下面我们看几则公案。

唐代禅宗，自百丈禅师提倡"农禅"以来，禅宗的寺庙和僧人就与农业劳动结下了不解之缘，禅师们除了"坐夏"外，几乎天天都要参加生产劳动。沩山灵佑禅师是百丈禅师的大弟子，也是实践"农禅"的模范。他和他的弟子仰山慧寂禅师一并创立了"沩仰宗"，并在田间的劳动中，留下了不少生动睿哲的故事，给后人们以无穷的启迪。有一次沩山和仰山在田里插秧，沩山指着那一片梯田对仰山说："徒儿啊，你看！那一块梯田要高一些，这一块梯田要低一些。"仰山说："师父，不对啊，我认为这边的田要高一些，那边的田要低一些。"沩山说："你若不信，那我们站在那两块田的中间，来勘测这两块田，结论就出来了。"仰山说："不必站在中间，也用不着站在两头。"沩山说："如果把这两块田的水沟通就可以得到结论了。水能平物，高处的水自然会向低处流的。"仰山说："水是能平物，水也是没有定处的，也的确是高处往低处流。但师父啊！高处的水不是在高处平吗？低处的水不是在低处平吗？——水本来是平的，又何必把它们弄得不平呢？"

是啊！水是没有定处的，不断地从高处流向低处，从高山流向平原田野，最后回归大海。但高山上也有平静湖泊，平原上也有平静的湖泊。就水的本性来说，它是平静的，无论在高山峡谷中它是何等地咆哮汹涌，它仍然是平静的。所以才会有"旋岚偃岳而常静，江河竞注而不流"的那种状态让人去领会，也才会有"空手把锄头，步行骑水牛，人从桥上过，桥流水不流"那不可思议的感受出现。能以这种感受来面对沸腾的生活或崎岖曲折的人生，你还会有常人的那些心态吗？当然不会，你心中只会有永恒的宁静，因为一切在此都圆满了。

沩山禅师有一次天亮了都不起床，平常是闻鸡而起，早就下田去参加劳动了。仰山去给他请安，看见老师没有得病，于是说："您老人家怎么能睡懒觉呢？这太不应该了吧！"沩山说："我刚才做了个梦，你来给我圆一圆。"于是仰山就去把洗脸水端来，请沩山洗脸。这时沩山另一位弟子香严也来了，沩山说："我刚才做了个梦，你师兄已经给我圆了，你也来圆一圆，看谁圆得准。"香严于是给沩山端了一碗茶来。这个公案说明了什么问题呢？对禅师们来说，禅就是生活，生活也就是禅。他们也劳动、学习，也如世人一样起、居、住、行，这一切都是圆满的。就内而言，这个心是圆满的；就外而言，环境自身也是圆满的。《菜根谭》说："此心常放得宽平，天下定无缺陷之世界。"禅师们早就超越了这种境界。但老师对学生，则应不放过生活中的那些微小细节来考察和鞭笞他们；学生对老师，也不敢掉以轻心，怕不及格。圆梦，是人们对生活的期盼和对灾祸的恐惧而引发的一种预测手段。在禅师们圆满的心中，则认为是一种不清醒的、杂有欲望的一种情态——庄子不是说过"至人无梦"吗！所以，仰山以冷水洗脸的方式让人清醒，香严以香茶提神的方式让人平静。沩仰宗的方法，真是太细腻了。要知道，生活和精神完满的人，其情感和手段也是细腻的，他们大多采取"随风潜入夜，润物细无声"的方式，采取"化而不知其迹"的方式，用中国的政治术语来讲，这是"王道"的方式。而极少采取"霸道"的那种峻烈手段。如棒喝，老师对单一的学生而言，也是"不得已而用之"的，但其峻烈，故给人留下了过余强烈的印象。

明心见性，就是禅宗的大圆满法，你明了心、见了性，那一切一切都就圆满了。天地万物与自己融为一体，都是自己的财产，何必把天地万物放进自己的腰包里去呢？也没有这个必要嘛。你游三山五岳、五湖四海，它们可不会收你的门票钱（当然别的人是要收你的钱），大自然为人类奉献了那么多，也从未听说过向人要钱。但你私心一来，杂念一起，天地万物就与你分了家，处处向你伸手要钱，你又怎么圆满得起来呢？

唐末，有个和尚问曹山本寂禅师："就我们这个心就是佛，对这个道理我没有什么疑问，我疑惑的是，马祖以后又怎么会说既不是心，又不是佛呢？同样一个禅还会有两种不同的答案吗？"曹山禅师说："对于兔角，用不着去证明它有，因为本来兔子头上就没有角。对于牛角，用不着证明它没有，因为牛的头上本来就有角。"人的头脑，陷在莫名其妙之中的时候真是太多了。而理性（更不用说愚昧了）总爱去钻一些牛角尖，徒劳无益地去做一些毫不相干的事。这样一来，生活还圆满得起来吗？正因为这样，原本圆满的生活也会变得不圆满了，弄得自己耿耿于怀，这是谁的过错呢？

禅宗四祖道信大师 14 岁时只是一个小沙弥，他去礼拜三祖僧璨大师时，他对三祖说："愿和尚慈悲，乞与解脱法门。"三祖问他："你求解脱，那么谁能把你束缚了呢？"道信说："没有人束缚我呀！"三祖说："既然没有人束缚你，你又何须再去求什么解脱的方法呢？"道信听到这里，眼睛一亮，立刻就大彻大悟了。这个公案的内蕴，说出来很简单，几乎不值一提。但人们总是缺少祖师们的那一种气概，更难以把这种气概贯穿在生活之中。宇宙万物、人的生活是无差别、平等圆满地展现在一切人的面前，我们的心，人们的精神也是平等地接受这一切。在这个问题上，不论亿万富翁和穷家小子都是平等的。富翁头上不会比穷人多一个太阳，富翁也不会生活在太阳里去，也不会活上一千岁。富翁和人一样面对着生老病死苦。俗话说："讨口三天，官都不想做。"无怪庄子笔下那么多隐士，请他们出来当皇帝都不愿意，因为在他们眼中，一切都是平等的、圆满的，没有什么值得去取舍的了。所以四祖道信大师在向牛头山法融禅师传法时说：

> 境缘无好丑，好丑起于心。心若不强名，妄情何处生？妄情既不起，真心任遍知。

这个心放平顺了，一切就圆满了。而我们老是感到生活不圆满，就是因为没有把这个心放平顺。

　　道家也有他们的大圆满法，这就是"无为而无不为"。这与佛教有很大的相同。无为，包括了否定主观意识中的那些冲动和实践活动中的那些努力吗？这样来理解就太肤浅了。要知道，无为，就是我们前面所说到的精神心理思维的那种清澈的、能动的"状态"，无为就是要你不要去干扰这种"状态"，这样才能使之保持最优的状态而为我们服务，这样的"状态"与被干扰被污染的"状态"在面对外部环境时，其功用是不可同日而语的，当然就会"战无不胜，攻无不克"了，也才能真正做到"无不为"。无为，你的精神和心理才能无贪、无欲、无思、无虑、无妄、无必、无固、无我、无意；无为，你才能不斤斤计较，成天盘算；无为，才能使你从那个小我中走出来而进入大我；无为，才有精神的充实和圆满，也才能带来事业的圆满——无不为。所以，当我们面对自己，面对生活的时候，应好好想想无为的道理，想想生活中的大圆满应该是怎么一回事。当然，如果没有经过禅宗"明心见性"这一关，难度就大了。而如果你从"明心见性"中走出来，你自然会感到无论内心世界和外在世界，无不是一大圆满世界。对一般人来讲，"明心见性"是太难了。真正"明心见性"的人，在世间能找得出几个呢？当然，这话很有道理。但禅宗认为，对一般人而言不是不能"明心见性"，而是有自暴自弃、失去了冲决罗网的勇猛精神，你若有这一种斗志，人人都是可以"明心见性"的，因为这不是外面的其他什么东西，就是你自己，就是你自己精神中的那个"状态"而已，并且它无时无刻不陪伴着你。所以许多禅师说：我坐在这儿就可以看到你开悟，我站在这儿就可以看到你开悟。悟与不悟，在精神中是没有一丝隔膜的。所以有人以孔子的"唯上智与下愚而不移"来否定王阳明"人人皆有良知"的说教时，王阳明就说得好："不是不能移，只是不肯移。"——只要你愿意成为圣人，"仁远乎哉，我欲仁，斯仁至矣"，孔子不也说过这样的话吗！

　　明心见性后，一切都在心中圆满了，禅悦之情自然也就牢固充沛，自在流溢了。我们不是古人，已不再生活在田园牧歌式的环境中，而是生活在科技日新、竞争日烈的"大市场"之中，这种禅悦在这样的环境中更显示了它无比的优越性。因为人类最优秀的品格和最高明的智慧都会凝聚在你的身上。以这样的状态来进入生活，真是"无往而无不利"的了。

首先，你的身体会特别的健康，有病也不会排除这种健康；你的精力会特别的充沛，忙乱昏散的状态再也不会光临了，也不会有心理疾病并影响身体了。第二点，你的智慧得到了锤炼和升华，去掉了"小我"那类私心自用的鬼聪明成为了"大我"，与大众同在的清澈智慧，这种与大众同在的智慧是没有盲区的，也不会被人排斥。它站得高，看得远，任何错综复杂的局面在它面前都会得到澄清而显示出其内在因果的必然性来，绝不会有判断的失误。第三点，你的气质、气度、性格、胸怀会处处与人不同，又为人所欢迎喜爱，那些狭隘、猜忌、悭吝、贪婪、狡诈、横暴、傲慢等不受人欢迎的东西与你毫不相干，与人相处总是和乐平易，使人如沐春风。

在庄子笔下，有极多的残疾人、贫贱人，以常情而论，他们的生活是不可能完满的。但因为他们"有道"，得到了这个"大圆满法"，他们的世界，比孔圣人还显得圆满。岂止人，在庄子和禅师们眼中，那些蛆虫、鸟兽、草木乃至一切生命，都绝对圆满地生活在大道之中。这样的境界和意趣，的确不是一般人所能达到的。所以禅悦这种精神情态，其在生活中的效应是不可估量的，说到底，正因为一切在你心中都是圆满的了，才会显示出它不为常人所知的有序、节奏和规律来，你在其中当然是"游刃有余"了。

少年时，听几位朋友讨论"顺眼法"、"顺耳法"和"顺心法"。看不惯的要看得惯，听不惯的要听得惯，心里过不去的要过得去。当时不乏诙谐与幽默，但后来逐渐养成了一种自觉的禅悦意识，情趣就为之一转，由勉强和被动的"顺"变为一种自觉和自然的"顺"。这还谈不上"明心见性"，但给人的力量已经够大了，何况依照禅宗的路子走下去直至"明心见性"呢！

禅悦基本可以分为两个层次，即一般禅修所带来的禅悦和"明心见性"后所带来的禅悦。我们先看一则故事。

王安石自己说过："我是因为看唐末雪峰义存禅师语录，'此老尝为众生做什么？'这么一句话所感发而当上宰相的。""尝为众生作什么"，这也是一种禅悦，当然是高层次的禅悦了。用现在的话说：为人民服务是最大的乐事。能把天下事作为"乐事"来办，自然不会计较个人的利害得失了。同是一个王安石，当了宰相，公务繁忙，当然劳累。有一位禅师对他说："相公何不坐坐禅，调节一番呢？"过了几天，王安石兴奋地对那位禅师说："坐禅的好处大得很，我几年来一直在构思'胡笳十八拍'这首诗，但总是写不好。你要我多坐禅，坐在那儿两个时辰，思绪如涌，就完成了这首诗。"这也可以说是禅悦的效应，哪怕只是低层效应。

佛教有"五乘共教"的教法，"五乘"就包括了社会世间，并体现了"一切法皆是佛法"的精神，所以也自然有与"五乘"相应的禅悦。孔子困于陈，断粮，而弦歌之声不绝是一种禅悦；"莫春者，春服既成，冠者五六人，童子六七人，浴乎沂，风乎舞雩，咏而归"是一种禅悦；"知其不可为而为之"，更是一种禅悦。禅悦即是一种高级的心理效应，必然会浸融于一切生活之中，在生活中产生积极的效应。

禅悦，本来是精神心理的那种不为物累，自在洒脱的状态。"天地不可一日无和气，人心不可一日无喜神"，禅悦可以说是这种"和气"和"喜神"凝聚的联璧。这样的精神状态，去掉了人心上所污染的种种陈垢，同时给智慧带来了翅膀。用儒家的话来说，这就是"诚"。诚就是那种无污染的精神状态，不是平常人的"诚心诚意"总带着一种恭谨和讨好人的色彩。"诚者圣人之本"，"诚无为"，"减则明矣"。你看，这个"诚"，达到了什么样的程度。用《中庸》所展示的境界来说："唯天下至诚，为能经纶天下之大经，立天下之大本，知天地之化育。"所以，其智慧所显现的境界是常人难以企及的。

但其具体的表现应归结在什么地方呢？

大家知道，常人的精神心理，总是处在流动的、变化的状态中，在每一个具体的感受断面中，分别承受着喜、怒、哀、乐等情感。而环境也是不居贵，则居贱；不逢得，则逢失；不处荣，就处辱。总之，在人的具体感受中，永远只会处于那种单一、缺遗的境地。富人们什么都有，却不拥有"穷"字；善人们什么都好，就是缺少"恶"字；健康的人当然很美，但却不知那个"病"字；显赫的人大家眼红，但他们却缺一个"失"字，等等，反之亦然，这就是不圆满。而不圆满就不平衡，不平衡就不得安宁。有人会说，富贵寿考，俊秀聪明，是人之欲也，怎么会不圆满呢？很简单，因为这一切都有其反面，秦始皇不安于当皇帝而想成仙，后唐庄宗不安于当皇帝而想演戏，南唐后主想成为诗人，宋徽宗想当画家，明熹宗想当木匠，清顺治皇帝想当和尚，他们的地位、财富都是人间尊荣富贵之极，尚且如此，何况其下呢？其根本原因，一是他们的精神心理不圆满，二是其所处环境不圆满而总感到有所限制，有种种的缺陷，所以总是想冲破这种局限而趋向圆满，但结果往往是悲剧。

有禅悦的人就不同了，一切都是圆满的。周敦颐对来请教的程颐、程颢两兄弟说："你们去寻寻孔子和颜渊的所乐之处吧？"孔子是圣人，有大的学问和本事，结果一生颠沛流离，不得其用，还多次处于困厄和险境之中，但内心总是乐洋洋。颜渊是孔子的学生，是个穷棒子，他"一箪食，一瓢饮，在陋巷，人不堪其忧，回（颜渊）也不改其乐"。他们怎么会有这样平和安宁的心态呢？周敦颐说"天地间有至尊至贵"的东西可以得到，而与富贵等不同。这种"至尊至贵"的东西就是道德，"天地间至尊者道，至贵者德而已矣"。见到了这种至尊至贵，对那些得失荣辱就看得小了，"见其大而忘其小，见其大则心泰，心泰则无不足，无不足则富贵贫贱处之一也。处之一则能化而齐"。（见周敦颐《通书》）这种"处之一"、"化而齐"的无差别境界，自然是儒家的"诚"，这也是一种禅悦效应，不过这种境界，已是儒释道三教合一的境界，在三教中都可以贯通，同时，在古代和今天同样可以贯通。为什么呢？古人和今人不论有多大的差别，但有一点，也是最根本的那点是没有差别的，这就是"人同此心，心同此理"。

有了这种境界和效应，就会使自己处在那个永恒中点或起点上。中点就是圆心，就是一切矛盾对立面的平衡点，进可攻、退可守，而不会担心"向对立面转化",从而保持自己的稳定性。起点就是"生生不息"的那个"原点",就是那个"生而不有,为而不持"。尽管画出了许多"最新最美的图画",却仍然是一张"白纸",并可以无穷尽地画出"最新最美"的东西。在这里,直觉的判断和理性的推断有机地融为一体,历史的、现代的和未来的连成一气。

这里我们再看一则公案。雪峰和岩头都是德山禅师的弟子,后来都成了伟大的禅师。有年冬天,他们游方到湖南澧州鳌山镇时遇到一场大雪,只好躲进一座破庙里等待天晴。那几天岩头和尚只管蒙头大睡,而雪峰则一贯是坐禅的。雪峰看见岩头除了睡还是睡,忍不住说:"师兄,你还是起来,我们交流一下吧。"岩头说:"你要说什么?"雪峰说:"我这一生求道还没有个结果,被这个躯壳带累了,除了行脚之外,怎么没有歇脚之处呢?"岩头说:"不要想那么多,好好睡。你坐在那儿,像村子里塑的土地公一样,以后准备骗到人家的香火吗?"雪峰指着自己的胸口,诚恳地说:"我怎敢像师兄那样潇洒呢!我这个心还没有得到安稳啊!"岩头说:"真的吗?我还以为你以后会独坐一个山头建道场,向人间传播无上的佛法,怎么你还认为自己不到家呢?"雪峰说:"我骗不了自己啊!我的确这个心还没有得到安稳。"岩头说:"真的这样,我就错看你了。这样吧,你如实地谈谈你的见地,错误的我与你铲除了,对的我与你作个证明。"雪峰说:"我最初在盐官和尚那儿,见他老人家讲色空之义,心中感到有个入处。"岩头说:"这算什么,以后三十年,你都不要提。"雪峰说:"我看见洞山禅师的过水偈:'切忌从它觅,迢迢与我殊,渠今正是我,我今不是渠',很有感受。"岩头说:"这只是理解,离解脱还远着哩!"雪峰又说:"我后来问德山老和尚:'在教外别传的法门中,有没有我的份呢?'德山老和尚当时就给了我一棒,说:'胡思乱想什么!'当时那一下,我眼睛一亮,如在封闭的黑漆桶中,桶盖忽然脱落,终于见到了光明一样。"岩头止住他说:"好了好了,不要再说了,你没有听到'从门入者,不是家珍'这样的格言吗?"雪峰说:"那以后怎样才对呢?"岩头说:"以后要传布无上的佛法,要一一从自己胸襟中流淌出来,并且盖天盖地,怎么还能停留在老师父们的框架中呢!"雪峰这时终于彻底明白了，兴奋地给岩头拜了一拜，说:"师兄，今天算是鳌山成道啊!"

在这一则的公案里，雪峰禅师坦然地交代了自己求道中的几个过程，精神状态也从不圆满达到了圆满。"以后欲播扬大教，一一从自己胸襟中流出，将来与我盖天盖地去。"这是岩头禅师的名言。六祖大师说:"心迷法华转，心悟转法华。"当自己还不能当家作主、彻底自在时，鼻孔被外部环境牵着，那还谈得上什么圆满呢? 若一旦自己当家作主了，得大自在了，长长短短的那些环境都不过为我们用，哪里还有什么缺陷，哪里还有什么不圆满的呢? 从这里翻过身去，大圆满法就在你的手中了。

《周易》六十四卦，任何一卦都是既完满，又不完满。说完满，其每卦都有对立面，都会在事相上变易;说不完满，其每一卦都与其他卦相通互补，从而显示其完满。其依据是易卦的根子在阴阳，而阴阳的根子在太极。卦相是太极的枝末，所以不完满;卦相终必回归于太极，故不失为完满。圣人观其象而玩其辞在后，而设卦在先。所以不论是"河出图"也好，"洛出书"也好，都是出于圣人之手，更出于圣人之心，这个心，就是太极，也就是大圆满。所以不论儒、释、道三家有多大的歧义，但就这个"心"而言，是绝对的同一。推而广之，不论东方西方，人生宇宙，都可以在这个绝对的"大圆满"中找到自己存在的依据，并共同回归到这个"大圆满"中。

初版后记

今年三月，在完成贾题韬老师《坛经讲座》录音的文字整理、编排和校对之后，成都海潮音书社严永奎先生建议我就佛教——禅宗的基本知识，结合现代社会和人生写一部普及性的小册子。难却老友之托，于是我就提起了笔。

要就这样的题目写出特色还真不容易，十多年来国内这类书籍出版不少，更因有日本铃木大拙博士和中国台湾南怀瑾教授，这两位尊者的著作，无论高度、广度和深度都是一般学者难以企及的，更何况他们的气象和风格，更是万难有偶。好在当今社会局局翻新，总有新的东西涌现出来，现代的中青年亦有自己的精神特色和追求，也有新的眼界。何况中国大陆现代的"风土人情"，也远不是半个世纪前的模样了，这大概是大陆后生们的幸事吧！

当然，谈佛法，就必须深入世间；要深入世间，则必须学点佛法，两者是不可或缺的。所以《维摩诘经》说众生是成佛的种子，离开众生是没有佛法的。但要把专业的佛教知识传神地介绍给一般的读者，的确不是一件容易之事。为了方便，所以结合儒家、道家的一些基本思想一并运用，结合人们熟知的身心性命、荣辱得失与之相互发明，或能起到贴近人心，贴近生活，贴近时代的效果。

笔者虽年过"不惑"，但面对这样的题目，真的就"无惑"了吗？好在多年的艰难险阻和曲折人生，对这个"惑"，早已是家常便饭，熟如家珍了。这里不是经纬学术专著，只是一些杂感、杂记类的文章，既不求全，也不求备，平时也是胸中有那么个滋味，于是就行云流水似地完成了。效果如何，那就有待于读者评判了。

记得十年前我从康藏"云游"数年归来，严永奎先生有诗赠我，我也回赠了一首，曾如此云云：

眉间晦朗皆无意，道是云非未解衷。
雪岭归来锦水绿，读诗感慰此心同。
故人未必全知我，逝者还因一念浓。
雁翅今朝翻海甸，当寓衡岳借云峰。

冯学成　1993 年 8 月